JN323309

アルゴリズム・サイエンス シリーズ

杉原厚吉・室田一雄・山下雅史・渡辺 治 編

16

適用事例編

化学系・生物系の計算モデル

萩谷昌己・山本光晴 著

共立出版

【編集委員】

杉原厚吉（すぎはら・こうきち）
明治大学研究・知的戦略機構先端数理科学インスティテュート

室田一雄（むろた・かずお）
東京大学大学院情報理工学系研究科

山下雅史（やました・まさふみ）
九州大学大学院システム情報科学研究院

渡辺　治（わたなべ・おさむ）
東京工業大学大学院情報理工学研究科

シリーズの序

インターネットやバイオインフォマティクスなど，情報科学は社会への影響力を急速に増大・拡大している．情報科学の基礎を支えるアルゴリズム・サイエンス分野も例外ではない．この四半世紀の進歩はまさに驚異的であったが，現在もその速度は増すばかりのように見える．

このような情勢の下に，アルゴリズム・サイエンスに対する時代の要請は以下の４点にまとめられる：

まず，並列計算機や分散計算環境が容易に手に入る時代となり，このような新しい計算環境のもとで上手に問題を解決するための新しい解法の開発が必要とされていることである．

次に，バイオインフォマティクスやナノ技術など多くの応用分野が巨大な問題を上手に扱うための新しい計算パラダイムを必要としていることである．

第３に，情報セキュリティという重要な応用分野の出現が，従来は応用に乏しい理論研究と考えられてきた整数論や計算困難性理論の実学としての再構築を迫っていることである．

そして最後に，これらの要請に応える健全なアルゴリズム・サイエンスの発展を担う人材の教育・養成である．

以上の状況を踏まえ，われわれは以下の２つの主目的を掲げて，アルゴリズム・サイエンス シリーズを発刊することにした．

第１に，アルゴリズム・サイエンスを高校生あるいは大学初年度生に紹介し，若年層のこの分野に対する興味を喚起することである．

第２に，アルゴリズム・サイエンスのこの四半世紀の進歩を学問体系として整理し，この分野を志す学習者および研究者のための適切な学習指針を整備することである．

これら2つの目的を達成するために，本シリーズは通常のシリーズとは異なる構成をとることにした．まず，2つの「超入門編」として，『入口からの超入門』と『出口からの超入門』を置いた．これらにより，理論的な展開に興味をもつ学生も，アルゴリズムの応用に興味をもつ学生も，ともに高校生程度の基礎学力で十分にアルゴリズム・サイエンスの面白さを満喫していただけることを期待している．

次に，確率アルゴリズムや近似アルゴリズムなどを含む，新たに建設された興味深いアルゴリズム分野を紹介し詳述するために，「数理技法編」として諸巻を設けることにした．『入口からの超入門』がこれらの巻に対する適切な入門書となるように企画されている．

さらに，バイオインフォマティクスや情報セキュリティに代表されるような，重要な応用分野における各種アルゴリズムの発展という視点からいくつかのテーマを厳選し，「適用事例編」として本シリーズに加えることにした．これらの巻に対する入門書が『出口からの超入門』である．

なお，各巻は大学や大学院の教科書として利用できるよう内容を工夫し，必要な初歩的知識についてもできるかぎり詳述するなど，各著者に自己完結的に構成していただいている．

最後になったが，本シリーズは特定領域研究「新世代の計算限界—その解明と打破」（領域代表 岩間一雄（京都大学））の活動の一環として企画された．

編集委員　　杉原厚吉・室田一雄・山下雅史・渡辺　治

はじめに

人工物に限らず我々の周りにあるほとんどのシステムは，時間やイベントによって状態を遷移させる状態遷移系と捉えることができる．本書は，ペトリネットを含む状態遷移系の基礎を一通り説明した後，特に化学系・生物系をモデル化するための計算モデルとして，通常の微分方程式やマルチセット書き換え系に加えて，膜構造を持つ状態遷移系，さまざまな位相構造の入った状態遷移系，離散量と連続量を併せ持つ状態遷移系について解説する．

本書で解説するような，化学系・生物系の計算モデルを考える目的は，少なくとも二つある．一つは，化学系・生物系を理解するためである．そもそも，自然現象を人間が理解するためには，何らかのモデルが必要である．例えば物体の運動を理解するためには，空間をユークリッド空間，時間を実数，物体をその中の点（質点）とモデル化する．その結果，ニュートンの運動方程式が適用できて，物体の運動という現象を理解することができるのである．しかし，このモデル化は厳密なものではなく，より精密なモデル，例えば相対論や量子論に基づくモデルが必要となることもある．

化学系も生物系も分子で作られているので，量子化学（いわゆる第一原理）に基づくモデル化は原理的には可能であるが，そのようなあまりにも精密なモデルだけを用いて，化学系や生物系における現象を理解することはほとんど不可能である．一般に，自然現象をモデルを通して理解するためには，個々の現象に適したモデルを選ぶ必要がある．では，「現象に適したモデル」とはどのようなものであろうか．理解しようとする現象の本質的な部分を再現できるようなモデルで，しかもできる限り単純なもの，ということだろう．ただし，「単純」にも「本質的」にも，厳密な定義があるわけではない．また，「再現」ということも曖昧である．

コンピュータを用いたシミュレーションは，現象を「再現」するための典型的な方法だろう．本書では，単なる「モデル」ではなく，「計算モデル」という言葉を使っているが，その理由の一つは，コンピュータによる実行が可能なことである．歴史的にも，数理的なモデルの研究の発展には，コンピュータの進歩が背景としてある．いうまでもなく，コンピュータを用いてモデルのシミュレーションを行うことにより，コンピュータ上で各種の現象を再現することが可能となり，その結果によって現象の理解を深めることができる．

ただし，いくらコンピュータによる実行が可能であっても，現実的な時間内に計算が終わらないこともある．また，コンピュータを使わなくとも，モデルの性質を手作業で調べることは可能である．コンピュータを使う場合でも，忠実にシミュレーションを行うだけでなく，モデルに関する各種の解析を行うことができる．例えば，モデルを抽象化し，得られた抽象モデルを実行することにより，もとのモデルの性質を導くことがよく行われる．

「計算モデル」という言葉を使うもう一つの理由は，化学系や生物系が，「計算」もしくは「情報処理」を行っているとみなせるからである．時間やイベントによって状態を遷移させること自体，ある種の計算と考えることができる．化学系や生物系を計算を行う機械と捉えるならば，計算論的な観点からの理解が可能になる．つまり，どのくらいの計算能力を持っているか，という観点から，化学系や生物系を調べることができるのである．

以上，理解するという観点からモデルの役割について述べたが，モデルを用いるもう一つの目的は，システムの設計にある．既存のシステムを解析するだけでなく，新しいシステムを作ろうとするとき，つまり，人為的な化学系や生物系を作ろうとするときにも，何らかのモデルが必要である．モデルは，いわば，システムの設計図である．

システムを設計する場合も，適切なモデルが必要である．人為的にシステムを作る場合は，何らかの目標があるはずなので，この場合の適切なモデルとは，システムの目標を達成するという観点から，細かすぎず粗すぎないモデルを意味する．細かすぎるモデルは，目標を達成するのに関係ない部分を持っているので，そのようなモデルを設計する効率は一般に悪い．逆に，粗すぎるモデルでは，目標を達成するかどうかが定かでなくなってしまう．

なお，人手でモデルの全体を設計することもあるだろうが，各種の最適化手法を用いて，モデルを自動設計したり，パラメータをチューリングしたりすることも広く行われている．

設計したモデルが与えられた目標を達成しているかどうかは，シミュレーションや各種の解析を行うことによって，検証することが可能である．人工的なシステムに一般的なことであるが,「設計」の後のステップとして「検証」のステップが自然と考えられる．

最後に，本書の読み方について簡単に説明しよう．ともかく，第 1 章を読んでいただきたい．ここでは，いろいろな化学系と生物系のさまざまな特徴が説明されており，どのようなモデルが適切なのかをある程度理解していただけると思う．

第 2 章は，状態遷移系の基礎について解説している．冒頭で述べたように本書で紹介する計算モデルは，基本的に，状態遷移系と呼ばれる計算モデルに分類される．この章では，状態遷移系に関する基本概念について述べられている．また，状態遷移系に対するさまざまな解析手法についても解説されている．すべてが残りの章にとって不可欠というわけではないので，適当に読み飛ばしていただいてかまわない．

第 3 章では化学反応系，第 4 章では細胞系のモデルが解説されている．特に第 3 章の主題の一つは確率的なシミュレーションであり，そのために多用される Gillespie のアルゴリズムについて詳述している．第 4 章は，細胞を形作る膜に着目し，膜構造を持つさまざまな計算モデルを紹介している．これらの章には具体的な事例も多く含まれているので，そのような事例を味わいながら読んでいただきたい．

第 5 章は多細胞系のモデルについて述べている．多細胞系において，個々の細胞はその場所に依存した振舞いを行う.「場」とは，場所の状況を抽象化した概念である．この章は，そのような場におけるモデル，つまり，さまざまな位相構造の入った状態遷移系を，状態・空間・時間の各軸が離散的か連続的かによって分類しつつ，紹介している．他の章と比べると，サーベイ的な内容になっているので，軽い気持ちで読み飛ばしていただければありがたい．

第 6 章は，連続的な状態と離散的な状態が組み合わさったハイブリッド・システムについて詳しく述べている．化学系・生物系は，しばしば，ハイブリッド・システムとしてモデル化することが適切である．また，化学系・生物系と，それを外部から制御する人工的なシステムを組み合わせたとき，前者は連続的，後者は離散的であることが典型的なので，全体のシステムはハイブリッド・システムとしてモデル化される．この章では，このようなハイブリッド・システムの基礎と応用について解説している．

本書を書くにあたり，名古屋大学の鈴木泰博先生には，抽象化学，セル・オートマトン，膜システムなどに関してたいへん有益なコメント・助言をいただいた．山口大学の三池秀敏先生には BZ 反応の写真を提供いただいた．また，明治大学の杉原厚吉先生，九州大学の山下雅史先生，東京工業大学の渡辺治先生には，出版前の原稿を査読をしていただき，たくさんの間違いや不明な点をご指摘いただいた．以上の皆様には限りなく感謝したい．

2009 年 8 月　　　　著　者

目　　次

第 1 章

化学系と生物系の特徴

本章では，化学系と生物系の計算モデルの解説に先立って，モデル化の対象である化学系と生物系の特徴について，それらの事例を交えながら，考察していきたい．本章は，本書の次章以降の動機付けの役割も担っており，化学系と生物系の事例を眺めながら，それらをモデル化するためにどのような枠組が適しているかについても，簡単に考察する．

1.1 化学反応

本節では，化学反応の事例をあげつつ，化学反応をモデル化するための枠組について紹介する．まず，微分方程式によるモデル化について述べる．分子の個数が膨大である場合，分子の個数を連続的な濃度で近似し，分子の量の変化を濃度に関する微分方程式によって記述することが適当である．

しかし，分子の個数が非常に少ない場合，例えば，1 個とか 2 個の場合，濃度によるモデル化は適当ではない．そこで，個々の分子を直接に表現するモデルを考える必要がある．マルチセット書き換え系は，マルチセットを状態とする状態遷移系であり，計算機科学におけるさまざまな対象をモデル化するために用いられている．本節では，マルチセットとその書き換えの概念について簡単に説明する．

本節の最後では，化学反応が二次元や三次元の場で起こる状況について概説する．すなわち，化学反応と拡散の組合せによって，パターンが形成される現象について述べ，そのためのモデル化の枠組について触れる．

1.1.1　多分子系

1.1.1.1　化学反応

化学反応は，1 個もしくは複数個の分子が，1 個もしくは複数個の分子に変化する過程である．通常，化学反応は，以下のような化学反応式によって表される．

$$2H_2 + O_2 \ \rightarrow \ 2H_2O$$

この場合，2 個の水素分子と 1 個の酸素分子が反応して，2 個の水分子が生成される．

本書では，溶液，特に水溶液の中で起こる化学反応を主として扱う．例えば，ATP（アデノシン三リン酸）が ADP（アデノシン二リン酸）とリン酸に加水分解される反応は以下のようである．

$$\mathrm{ATP} + H_2O \ \rightarrow \ \mathrm{ADP} + \mathrm{Pi}$$

ここで，Pi はリン酸を表している．

また，DNA は二重らせんを作ることがよく知られているが，これは，互いに相補的な二つの一本鎖 DNA 分子が塩基同士の水素結合によって絡み合って二本鎖から成るらせん構造を形成するからである．したがって，互いに相補的な二つの一本鎖 DNA 分子が結合して二本鎖を形成する過程も，図 1.1 のような化学反応と考えられる．例えば，`GATGGCTCACAGT` という配列を持つ一本鎖 DNA 分子と，`ACTGTGAGCCATC` という配列を持つ一本鎖 DNA 分子が結合する反応は，

$$A + \overline{A} \ \rightarrow \ A\overline{A}$$

と表すことができる．ここで，A が配列 `GATGGCTCACAGT` の一本鎖 DNA 分子，$\overline{A}$ が配列 `ACTGTGAGCCATC` の一本鎖 DNA 分子を表している．なお，慣例として，配列 A に対して，その相補配列を $\overline{A}$ で表すことが多い．

個々の分子と区別して，分子の種類を分子種 (molecular species) ということがある．例えば，水溶液中で上の反応を観察するとき，A という分子種に属する分子が相当数存在し，$\overline{A}$ という分子種に属する分子が相当数存在している．

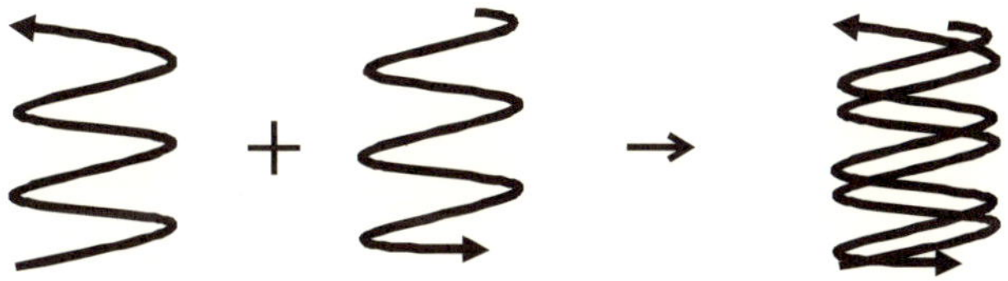

図 1.1 DNA の二本鎖の形成

そして，これら分子たちが反応して，$A\overline{A}$ という分子種に属する分子が相当数生成される．

1.1.1.2 濃度

水溶液中の化学反応に関与する各分子種の分子数が膨大である場合，分子数を連続量である濃度によって近似することができる．いわゆる少分子系と対比して，このような分子系を多分子系と呼ぶことにしよう．実際に，化学反応を観察するとき，化学反応に関与する個々の分子を観測するのではなく，特定の分子種の分子数に比例した連続量を測定することが多い．

例えば，DNA の二本鎖の形成を蛍光で測定することが一般的に行われる．このために，一方の DNA 分子 `GATGGCTCACAGT` の末端に FAM と呼ばれる蛍光分子をつけ，相補的な DNA 分子 `ACTGTGAGCCATC` の（逆の）末端に BHQ と呼ばれる消光分子をつける．消光分子とは，簡単にいうと，蛍光分子の発する蛍光を吸収してしまう分子である．したがって，図 1.2 のように，二つの DNA 分子が二本鎖を形成すると，FAM と BHQ が近接するため，FAM からの蛍光が消えてしまう．こうして，FAM からの蛍光の量を測定することにより，二本鎖の量を推定することができる．

図 1.3 のグラフは実際の蛍光計測の例である．横軸は経過時間（秒），縦軸は蛍光強度を示している．まず溶液の中には，FAM のついた DNA 分子のみが溶けている．220 秒から 230 秒の間に，これと等量の BHQ のついた DNA 分子が投入された．急激に FAM の蛍光が減少しているのがわかるだろう．なお，実際に計測した DNA 分子は上の説明にあるものではなく，24 塩基の二本鎖を形成している．

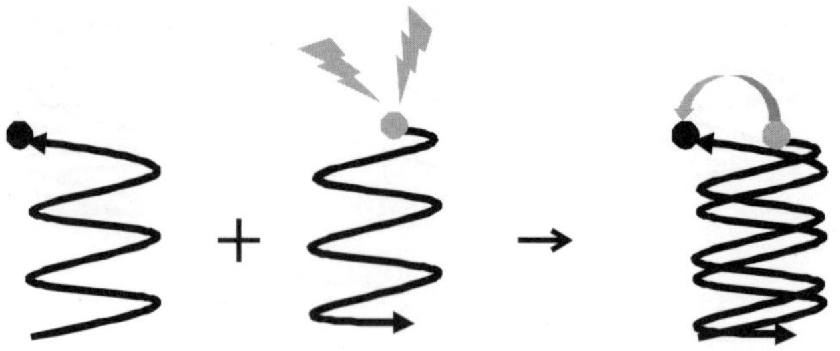

図 **1.2**　蛍光による二本鎖形成の測定

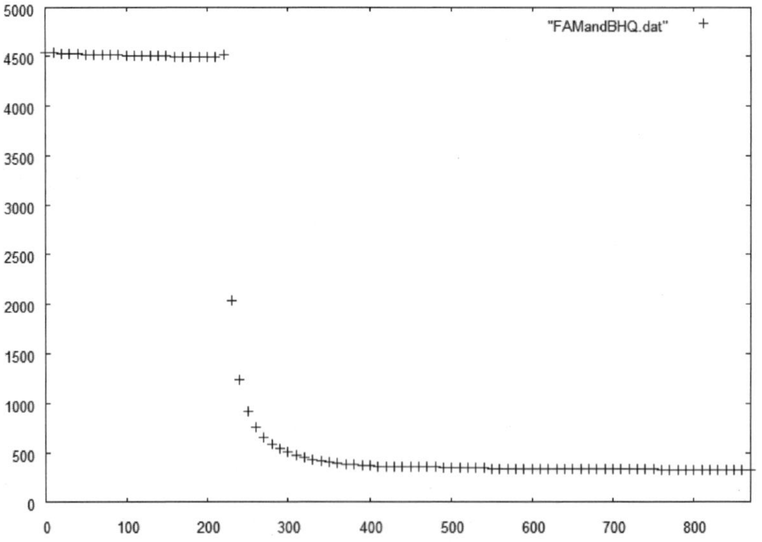

図 **1.3**　蛍光計測の例

1.1.1.3　微分方程式

以上のように，個々の分子種の分子数が膨大である場合，分子数を連続量である濃度によって近似的に扱うことができる．この場合，化学反応によって濃度は時間とともに連続的に変化する．すなわち，各化学反応には，その速度定数が定まっており，左辺の分子の濃度の積に速度定数をかけた量に比例して進む．例えば，上述したように，相補的な DNA 分子が二重らせんを形成する反応は，その速度定数を k とすると，$k[A][\overline{A}]$ に比例して進む．ここで，$[A]$ は片方の DNA 分子 A の濃度，$[\overline{A}]$ は A に相補的な DNA 分子 $\overline{A}$ の濃度を表す．したがって，二重らせん $A\overline{A}$ の濃度 $[A\overline{A}]$ は，次の微分方程式に従って変化する．

$$\frac{d[A\overline{A}]}{dt} = k[A][\overline{A}]$$

また，A の濃度 $[A]$ は，

$$\frac{d[A]}{dt} = -k[A][\overline{A}]$$

に従って変化し，$\overline{A}$ の濃度 $[\overline{A}]$ も，

$$\frac{d[\overline{A}]}{dt} = -k[A][\overline{A}]$$

に従って変化する．なお，ここでは二重らせんが一本鎖に解離する逆の反応は考えていない．DNA の配列が十分に長い場合，室温では二重らせんの解離は起きないとしてかまわない．

$[A]$ と $[\overline{A}]$ の初期値がどちらも a に等しい場合，任意の時点で $[A] = [\overline{A}] = a - [A\overline{A}]$ が成り立つので，上の微分方程式は，

$$\frac{d[A\overline{A}]}{dt} = k(a - [A\overline{A}])(a - [A\overline{A}])$$

となる．これは簡単に解くことができて，

$$[A\overline{A}] = \frac{a^2kt}{1 + akt}$$

となる．

図 1.3 の蛍光強度は，一本鎖の DNA 分子 A の濃度 $[A]$ に比例すると考えられる．したがって，以下のような関数に従うことが予想される．

$$a - \frac{(a - a_0)^2k(t - t_0)}{1 + (a - a_0)k(t - t_0)}$$

ここで，a は初期の蛍光強度，a_0 はバックグラウンドの蛍光強度を示している．k が速度定数であり，t_0 は投入した時刻である．図 1.4 は，図 1.3 の計測結果に対して，上の関数をフィッティングした結果を示している．a は測定結果から読み取り，k と t_0 と a_0 をフィッティングにより求めた．

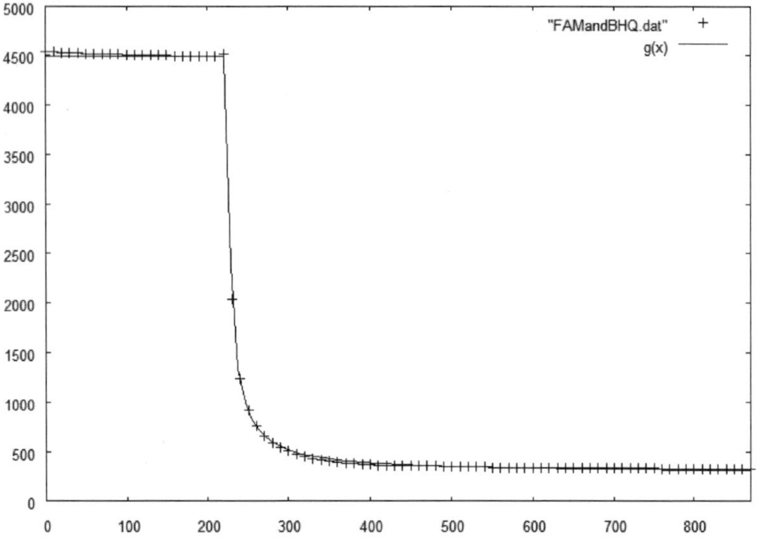

図 1.4　フィッティングの例

1.1.1.4　Michaelis-Menten 式

微分方程式による化学反応の解析の例として，酵素反応の Michaelis-Menten 式の導出を眺めてみよう．酵素とは，自分自身は変化せずに，他の分子の反応を促進する分子のことであり，酵素反応とは，酵素の働きによって進む化学反応のことである．

一般に，

$$A \rightarrow B$$

という反応を E という酵素が促進する場合を考える．まず，分子 A と酵素 E が結びついて，AE という複合体が形成される．

$$A + E \rightarrow AE$$

ただし，この逆の反応も同時に起こると考えられる．

$$AE \rightarrow A + E$$

これらの速度定数を k_1 と k_{-1} とおく．複合体 AE は，酵素の作用によって，B

を生成する．このとき，酵素 E はもとの状態に戻る．

$$AE \ \rightarrow \ B + E$$

この反応の速度定数を k_2 とおく．

以上の仮定から，次のような微分方程式が得られる．

$$\frac{d[AE]}{dt} = k_1[A][E] - (k_{-1} + k_2)[AE]$$

酵素の全体量を $[E]_0$ とおくと，$[E] + [AE] = [E]_0$ が成り立つので，

$$\frac{d[AE]}{dt} = k_1[A]([E]_0 - [AE]) - (k_{-1} + k_2)[AE]$$

となる．また，B の生成速度に関しては，

$$\frac{d[B]}{dt} = k_2[AE]$$

が成り立つ．

さて，ここから少し乱暴な近似が行われる．酵素反応自体は，A と E が出会ったり離れたりするよりも遅いと考えられるので，k_2 は k_1 と k_{-1} に比べて小さい．したがって，酵素反応が起きている間，B の濃度の変化に比較すると，AE の濃度は一定であるとみなすことができる．すると，$\dfrac{d[AE]}{dt} = 0$ であるので，

$$k_1[A]([E]_0 - [AE]) - (k_{-1} + k_2)[AE] = 0$$

が成り立つ．

以上のような近似を行うと，

$$[AE] = \frac{[E]_0[A]}{\dfrac{k_{-1} + k_2}{k_1} + [A]}$$

となる．したがって，B の生成速度は，

$$\frac{d[B]}{dt} = \frac{k_2[E]_0[A]}{\dfrac{k_{-1} + k_2}{k_1} + [A]}$$

となる．この右辺は，$[A]$ が大きくなるに連れて，$k_2[E]_0$ に近づく．これが，この酵素反応の最大速度である．逆に，$[A]$ が非常に小さいときは，$A \rightarrow B$ とい

う反応が，$\dfrac{k_2[E]_0}{\dfrac{k_{-1}+k_2}{k_1}}$ という速度定数で進むのに近い．

結局，$k = k_2[E]_0[A]$，$K = \dfrac{k_{-1}+k_2}{k_1}$ とおくと，

$$\frac{d[B]}{dt} = \frac{k[A]}{K+[A]}$$

という微分方程式が得られる．

1.1.1.5　Hill 係数

さらに複雑な酵素反応では，以下のように反応速度が $[A]^n$ に依存することもある．

$$\frac{d[B]}{dt} = \frac{k[A]^n}{K^n+[A]^n}$$

右辺は，$[A]$ の関数として，Hill 関数と呼ばれている．$[A]$ の冪 n は Hill 係数と呼ばれる．Hill 係数が n であるとは，おおよそ，n 個の A 分子が協同して反応に関与することを示唆している．

分子 A が分子 B の生成を抑制する場合も，同様の微分方程式によって記述されることが多い．

$$\frac{d[B]}{dt} = \frac{kK^n}{K^n+[A]^n}$$

この場合も，おおよそ，n 個の A 分子が協同して分子 B の生成を抑制すると考えられる．

1.1.1.6　S システム

S システム (S-system) は，前節の微分方程式よりもさらに限定された常微分方程式であり，多くの種類の分子が関係する化学反応をモデル化する際によく用いられる [1]．n 種類の分子 $S_1,\ldots,S_n$ があったとき，これらの濃度を $X_1,\ldots,X_n$ として，以下のような微分方程式によってこれらの時間発展をモデル化する．

$$\frac{dX_i}{dt} \;=\; \alpha_i \prod_{j=1}^{n} X_j^{g_{ij}} - \beta_i \prod_{j=1}^{n} X_j^{h_{ij}} \qquad (i=1,\ldots,n)$$

α_i で始まる項は分子 S_i の生成を表し，β_i で始まる項は分子 S_i の消滅を表している．すなわち，分子 S_i の生成に関連した化学反応を一つの項にまとめてしまい，消滅に関連した化学反応も一つの項にまとめてしまうことにより，全体の系を簡潔に表現している．

単純な形式にもかかわらず，S システムの表現能力は高いために，近年，S システムを用いて遺伝子ネットワークなどをモデル化し，実験データから S システムのパラメータを効率よく推定しようとする研究が活発に行われている．

S システムの微分方程式は，生成と消滅の部分に分けて log 空間に射影し，積和変換して線形化することにより，ある程度解析的に解くことができる．

1.1.2 少分子系

1.1.2.1 マルチセット

以上は，個々の分子種の分子数が膨大である場合の議論であったが，細胞の中の反応のように，分子数が限定されている場合，分子数を連続量である濃度で近似するのは問題である．極端な場合，例えば染色体という分子は，細胞の中に一つしかない．また，遺伝子が生成する mRNA やタンパク (§1.2.1) にしても，遺伝子が発現し始めた時点では，分子数は非常に少ない．このような場合，分子の一つ一つを扱うモデルのほうが現実に近いと考えられる．

「マルチセット」は，本書で扱う計算モデルで，中心的な役割を担っている．マルチセットとは日本語では多重集合と訳されることがある．一般に，マルチセットとは，集合（セット）に要素の重複度（もしくは多重度）を追加した概念である．例えば，$\{a,b,c\}$ は要素 a,b,c から成る集合であるが，これに対して，a の重複度を 2，b の重複度を 3，c の重複度を 1 とするマルチセット $\{a,a,b,b,b,c\}$ を考えることができる．すなわち，集合 $\{a,b,c\}$ に，a が 2 個，b が 3 個，c が 1 個という多重度を追加すると，マルチセット $\{a,a,b,b,b,c\}$ になる．

マルチセットとは，そのもとになる集合を S としたとき，S の各要素に多重度を与える関数であると考えることができる．すなわち，0 を含む自然数の全体を $\mathbf{N}$ としたとき，S から $\mathbf{N}$ への関数がマルチセットである．

マルチセットの間には，集合と同様の演算を定義することができる．例えば，マルチセット X と Y の合併とは，両者のマルチセットの重複度を足し合わせてできるマルチセットのことである．したがって，マルチセット $\{a,a,b,b,b,c\}$ と $\{a,c,c\}$ を合併すると，マルチセット $\{a,a,a,b,b,b,c,c,c\}$ が得られる．マルチセット X と Y の合併を $X \uplus Y$ と書くことがある．また，マルチセット $\{a,a,b,b,b,c\}$ からマルチセット $\{a,b,b\}$ を引くと，マルチセット $\{a,b,c,c\}$ が得られる．マルチセット X からマルチセット Y を引いた結果を $X-Y$ と書くことがある．この場合，Y は X に含まれていることを想定している．マルチセット Y が X に含まれているとは，各要素に対して，その Y における重複度が X における重複度を超えないことを意味する．マルチセット Y が X に含まれていることを $Y \subseteq X$ と書くことがある．

1.1.2.2　マルチセット書き換え規則

マルチセット書き換え規則とは，

$$\{a,b,b\} \ \rightarrow \ \{a,c,c\}$$

のような規則のことをいう．ここで，矢印 $(\rightarrow)$ の左辺と右辺にはマルチセットが書かれている．上の規則をマルチセット $\{a,a,b,b,b,c\}$ に適用すると，$\{a,a,b,c,c,c\}$ というマルチセットが得られる．これは，$\{a,a,b,b,b,c\}$ から左辺 $\{a,b,b\}$ が引かれて，その結果と $\{a,c,c\}$ が合併されたからである．

一般に，$L \rightarrow R$ というマルチセット書き換え規則をマルチセット X に適用すると，$(X-Y) \uplus R$ というマルチセットが得られる．ただし，この規則が適用されるためには，$L \subseteq X$ が成り立っていなければならない．

いうまでもなく，マルチセットは複数の分子種から成る分子系を表し，マルチセット書き換え規則は化学反応を表している．したがって，複数のマルチセット書き換え規則が存在して，対象となるマルチセットを次々と書き換えていく過程によって，化学反応がモデル化される．一般に，マルチセット書き換え規則の有限集合を，マルチセット書き換え系という．例えば，小さいながら，次の二つの書き換え規則から成るマルチセット書き換え系を考えることができる．

$$\{a,b,b\} \rightarrow \{a,c,c\}$$

$$\{c,c\} \rightarrow \{a\}$$

マルチセット書き換え系の例として，前項の酵素反応をとりあげよう．以下の 3 種類の反応があった.

$$A + E \to AE$$
$$AE \to A + E$$
$$AE \to B + E$$

これらは，以下の三つの書き換え規則から成るマルチセット書き換え系と考えることができる.

$$\{A, E\} \to \{AE\}$$
$$\{AE\} \to \{A, E\}$$
$$\{AE\} \to \{B, E\}$$

例えば，$\{A, A, A, E, E\}$ というマルチセットは，以下のように次々と書き換えられる.

$$\begin{aligned} &\{A, A, A, E, E\} \\ \to &\{AE, A, A, E\} \\ \to &\{AE, AE, A\} \\ \to &\{B, E, AE, A\} \\ \to &\{B, AE, AE\} \\ \to &\{B, B, E, AE\} \\ \to &\{B, B, E, B, E\} \end{aligned}$$

マルチセット書き換え系は，マルチセットを状態とする状態遷移系である．一般に，離散的な状態遷移系には，状態の集合が定まっていて，その集合の一つを現在の状態とする．そして，各種のイベントによって現在の状態が入れ替わる．これが状態遷移である．マルチセット書き換え系の場合は，マルチセットの全体が状態集合であり，現在の状態は一つのマルチセットである．そして，化学反応というイベントが起こると，現在の状態が入れ替わる．本書の第 2 章では，状態遷移系の基礎も含めて，マルチセット書き換え系に関して詳述する.

1.1.2.3　確率的な書き換え

実際の化学反応は確率的に進むので，各々のマルチセット書き換え規則に，その「起こりやすさ」を定義するのが自然だろう．このような起こりやすさに従って，マルチセット書き換え規則が確率的に適用される．

例えば，$\{a,b,b\} \to \{a,c,c\}$ というマルチセット書き換え規則に p という起こりやすさを与え，$\{c,c\} \to \{a\}$ というマルチセット書き換え規則に q という起こりやすさを与えたとしよう．すると，$\{a,a,b,b,b,c,c,c,c\}$ というマルチセットに対して，$\{a,b,b\} \to \{a,c,c\}$ という規則は $2 \times {}_3\mathrm{C}_2 \times p$ に比例した確率で，$\{c,c\} \to \{a\}$ という規則は ${}_4\mathrm{C}_2 \times q$ に比例した確率で起こる．p と q にかけられた定数は，与えられたマルチセットにおいて，規則の左辺の取り方の組合せの数を表している．例えば，$\{c,c\} \to \{a\}$ という規則の左辺 $\{c,c\}$ は，$\{a,a,b,b,b,c,c,c,c\}$ というマルチセットにおいて ${}_4\mathrm{C}_2$ 通りの取り方がある．

以上のような確率にしたがってマルチセット書き換え規則が適用されるので，各マルチセットの存在確率が時間とともに連続的に変化すると考えられる．例えば，$\{a,a,b,b,b,c,c,c,c\}$ というマルチセットに着目したとき，時刻 t における存在確率 $P(\{a,a,b,b,b,c,c,c,c\};t)$ を考えることができる．すると，各マルチセットの存在確率に対して，微分方程式を立てることができる．このような微分方程式は確率微分方程式に分類されるが，特にマスター方程式と呼ばれている．詳しくは，本書の第 3 章で述べる．また，確率的な状態遷移系については，第 2 章でその基礎を述べる．

1.1.3　場における化学反応

1.1.3.1　反応拡散系

本節の最後に，二次元や三次元の場における化学反応について簡単に触れたい．これまで，溶液は一様であり，溶液のどの部分でも同じように化学反応が起こると考えていた．しかし，濃度の分布が均質でなく，局所的に反応の進み方が異なる状況のほうが一般的である．局所的に特異的な反応の結果，その生成物の濃度が局所的に高くなると，生成物が拡散によって広がっていくという現象が生じる．

すなわち，場における化学反応は，化学反応と拡散が組み合わさった現象で

By courtesy of Prof. Miike

図 **1.5** **BZ** 反応

あり，分子数が膨大である場合は，空間上の各点における濃度が時間とともに変化するので，偏微分方程式によってモデル化することができる．

1.1.3.2 BZ 反応

このような化学反応の例としては，BZ 反応が有名である．BZ 反応は，反応基質・酸化剤・触媒・反応媒質の 4 種類の化学物を混合してできる酸化還元反応である [2][3]．通常の酸化還元反応は，酸化剤と還元剤を混合すると瞬間に反応を終えてしまうが，BZ 反応は周期的に酸化と還元を繰り返す振動的化学反応である．

BZ 反応は，十分に制御されたフローリアクタ（開放反応系）で連続的に撹拌された状態（撹拌系）では，溶液は酸化状態と還元状態を数十秒から数分の周期で交互に変化する（時間的振動反応）．一方，非撹拌系では酸化状態の青色の化学反応波の伝搬による反応パターンが出現する（空間的振動現象）．反応パターンの例が図 1.5 にある．

Field, Koros, Noyes らにより，BZ 反応は，本質的に臭素酸によってマロン酸が酸化し二酸化炭素になる反応であることが示された．その仕組みは FKN メカニズムと呼ばれている．

$$\text{(R1)}\quad HOBr + Br^- + H^+ \rightarrow Br_2 + H_2O$$

$$\text{(R2)}\quad HBrO_2 + Br^- + H^+ \rightarrow 2HOBr$$

$$\text{(R3)}\quad BrO_3^- + Br^- + 2H^+ \rightarrow HBrO_2 + HOBr$$

$$\text{(R4)}\quad 2BrO_2 \rightarrow BrO_3^- + HOBr + H^+$$

$$\text{(R5)}\quad BrO_3^- + HBrO_2 + H^+ \rightarrow 2BrO_2 \cdot + H_2O$$

$$\text{(R6)}\quad BrO_2 \cdot + Ce^{3+} + H^+ \rightarrow HBrO_2 + Ce^{4+}$$

$$\text{(R7)}\quad BrO_2 \cdot + Ce^{4+} + H_2O \rightarrow BrO_3^- + Ce^{3+} + 2H^+$$

$$\text{(R8)}\quad Br_2 + CH_2(COOH)_2 \rightarrow BrCH(COOH)_2 + Br^- + H^+$$

$$\text{(R9)}\quad 6Ce^{4+} + CH_2(COOH)_2 + 2H_2 \\ \rightarrow 6Ce^{3+} + HCOOH + 2CO_2 + 6H^+$$

$$\text{(R10)}\quad 4Ce^{4+} + BrCH(COOH)_2 + 2H_2O \\ \rightarrow 4Ce^{3+} + HCOOH + Br^- + 2CO_2 + 5H^+$$

$$\text{(R11)}\quad Br_2 + HCOOH \rightarrow 2Br^- + CO_2 + 2H^+$$

(R1) から (R5) までは臭素化合物同士の反応，(R6) と (R7) は臭素化合物と $Ce4^+/Ce3^+$ との反応，(R8) は臭素とマロン酸の反応，(R9) は $Ce4^+$ とマロン酸の反応である．

反応後，$BrCH(COOH)_2$ が生成されることと，途中で CO_2 が発生していることから

$$6BrO_3^- + 5CH(COOH)_2 + 2H^+ \\ \rightarrow 3BrCH(COOH)_2 + 2HCOOH + 4CO_2 + 5H_2O$$

が，BZ 反応の総括反応として考えられる．これは，全体としては臭素酸によってマロン酸が酸化し二酸化炭素になっていく過程を表している．実際には，マロン酸は中間生成物である臭素と反応している．

よって，臭素に着目していくと，以下の式が成立する．

臭素を生成する過程は，3(R1)+(R2)+(R3)

$$BrO_3^+ + 5Br^- + 6H^+ \rightarrow 3Br_2 + 3H_2O \tag{1.1}$$

と 5(R5)+10(R6)+10(R4)+(R1)−(R2)

$$2BrO_3^+ + 12H^+ + 10Ce^{3+} \rightarrow Br_2 + 6H_2O + 10Ce^{4+} \tag{1.2}$$

の二つの反応経路からなる．ここで (1.2) ではプロセスの中に (R5)+ 2(R6) による自己触媒的反応を含む．

$$2BrO_3^+ + 12H^+ + 10Ce^{3+} \rightarrow Br_2 + 6H_2O + 10Ce^{4+}$$

生成された臭素は (R9)+(R10)+2(R11)

$$\begin{aligned} &10Ce^{4+} + CH_2(COOH)_2 + BrCH(COOH)_2 + 4H_2O + 2Br^- \\ &\quad \rightarrow 10Ce^{3+} + 5Br^- + 6CO_2 + 15H^+ \end{aligned} \tag{1.3}$$

により消費される．

反応式 (1.1) をルート 1，反応式 (1.2) をルート 2，反応式 (1.3) をルート 3 とする．まず，ルート 1 により Br^- が徐々に消費され，Br^- による $HBrO_2$ の消費速度も低下する．やがて Br^- がある下限濃度に達すると，ルート 2 の中に含まれている自己触媒的反応が生じ，ルート 1 からルート 2 に反応が移る．一方でルート 3 は常に生じており，ルート 2 の自己触媒的反応により $HBrO_2$ は急激に増加し，それに伴って，$Ce^{3+} \rightarrow Ce^{4+}$ の変化も加速的に進行するが，同時にルート 3 による反応で Br^- が生成され，次第に蓄積されていく．Br^- は $HBrO_2$ との反応性が高いため，Br^- が一定濃度（閾値濃度）以上になると，$HBrO_2$ の自己触媒的な増加よりも Br^- との反応による効果が大きくなりルート 2 の反応は止まり，ルート 1 の反応が始まる．つまり，Br^- の濃度によって，ルート 2 とルート 1 が入れ替わる．このルート 3 を介したルート 1 とルート 2 の反応の入れ替わりにより振動反応が生じる．また，この反応系は散逸系であるので分子種の流入等が行われないとやがて振動反応は消失する．

BZ 反応のメカニズムは複雑であるが，より単純化された数理モデル，Brusselator と Oregonator がよく知られている．

表 1.1　振動反応における二つの反応期

条件	$[Br^-]$ の高いとき	$[Br^-]$ の低いとき
反応ルート	ルート 1 ＋ルート 3	ルート 2 ＋ルート 3
触媒の変化	$Ce^{4+} \to Ce^{3+}$	$Ce^{3+} \to Ce^{4+}$
$[Br^-]$ の変化	$[Br^-]$ の減少	$[Br^-]$ の増大
反応の変化	$HBrO_2$ 減少	$HBrO_2$ 増大

Brusselator は，Prigogin と Lefever らにより提案された [5, 3].

$$A \longrightarrow X$$

$$B + X \longrightarrow Y + D$$

$$2X + Y \longrightarrow 3X$$

$$X \longrightarrow E$$

この系では A と B が過剰（もしくは定常的に流入）の条件下で，中間生成物 X と Y を経て，最終的には D と E が生成するような化学反応系となっている．しかし，3 次反応を含むなど実際の化学反応とは対応がとれない．一方，Oregonator は FKN モデルを基にしたものであり以下の 5 式からなる [3].

$$A + Y \to X + P \tag{1.4}$$

$$X + Y \to 2P \tag{1.5}$$

$$A + X \to 2X + 2Z \tag{1.6}$$

$$2X \to A + P \tag{1.7}$$

$$B + Z \to fY \tag{1.8}$$

Oregonagtor と FKN モデルの分子種は表 1.2 のような対応関係にある．

Oregonator を FKN メカニズムと対応させると，式 (1.5) がルート 1 とルート 2 を交代させるための反応，式 (1.4) がルート 1，式 (1.7) がルート 2 で生成される $HBrO_2$ を消費させるための反応，式 (1.6) がルート 2，式 (1.8) がルート 3 に対応する．

上記化学反応式の中で，A と B の濃度は X と Y と Z の濃度に比して大きく，一定であるとみなす．すると，X と Y と Z に対して，以下のような微分

表 1.2 Oregonator の使用記号と分子種の対応関係

記号	分子種
A	$[BrO_3]$
B	[マロン酸] や [臭化マロン酸]
P	[HOBr]
X	$[HBrO_2]$
Y	$[Br_-]$
Z	$[Ce^{4+}]$

方程式が得られる.

$$\frac{d[X]}{dt} = k_1[A][Y] - k_2[X][Y] + 2k_3[A][X] - 2k_4[X]^2$$

$$\frac{d[Y]}{dt} = -k_1[A][Y] - k_2[X][Y] + fk_5[B][Z]$$

$$\frac{d[Z]}{dt} = 2k_3[A][X] - k_5[B][Z]$$

なお，上の最後の化学反応式 (1.8) は，いくつかの化学反応をまとめて無理やりに一つの反応として表現したもので，$f = 1/2$ という不規則な形をしている．これは，例えば，

$$B + Z \to B'$$

$$B + Z \to Y$$

という二つの反応の組合せだと考えればよい．ただし，B' は以後反応しない物質とする．どちらの速度定数も $k_5/2$ とする．

1.2 細胞と多細胞系

本節では，細胞と多数の細胞が集まったシステムである多細胞系の特徴について簡単に紹介する．

まず，細胞における化学反応の典型的なものをいくつか紹介しながら，化学反応系としての細胞がどのような特徴を持っているかを議論する．特に，細胞という微小な空間の中では分子数が非常に少ない分子種も存在する．例えば，

染色体という分子は細胞の中に一つしか存在しない．これに対して，分子種によっては十分な分子数がある．したがって，細胞における化学反応をモデル化するためには，少分子に対する離散的なモデルと多分子に対する連続的なモデルを組み合わせたハイブリッド・システムが適当であろう．

次に，細胞の特徴の一つである膜の構造について眺める．細胞の中にはさまざまな膜構造が存在し，しかも，膜の中に膜があるという階層性を有している．そのような膜の中では局所的に化学反応が起こっている．さらに，膜を透過して移動する分子が存在し，細胞内の膜構造は，そのような分子を用いて，コミュニケーションを行っているとも考えられる．

そして，多数の細胞が集まった多細胞系，特に，多細胞系におけるパターン形成について簡単に触れる．細胞内の膜を透過する分子だけでなく，細胞全体を囲む膜である細胞膜を透過して移動する分子も存在する．このような分子は，細胞間のコミュニケーションの媒体と考えられる．そして，細胞間のコミュニケーションによってパターン形成が起こる．

多細胞系の中でも，高等生物において情報処理を担う神経系は，際立った特徴を有している．本書は神経系に特化したものではないので，神経系だけに関して詳しく述べないが，一般の多細胞系のモデルの延長として，神経系のモデルについても考察する．

最後に，本書の範囲外であるが，多細胞から成る個体がさらに集まった生態系について簡単に触れる．

1.2.1　細胞における化学反応

1.2.1.1　転写

いわゆるセントラル・ドグマは，染色体上の遺伝子の情報が，いかにして対応するタンパクの生成に至るかを定めている．まず，染色体上の遺伝子は，メッセンジャー RNA と呼ばれる RNA 分子にコピーされる．この過程は転写と呼ばれる（図 1.6）．転写は，反応物と生成物だけを考慮すると，以下のような化学反応と捉えることができる．

$$\mathrm{G1234} + n\mathrm{NTP} \ \rightarrow\ \mathrm{G1234} + \mathrm{mRNA1234}$$

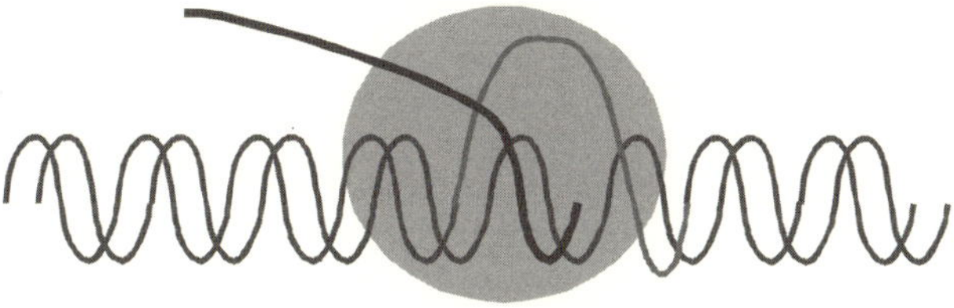

図 1.6 転写

ここでは，染色体上にある G1234 という遺伝子の転写を考えている．NTP（リボヌクレオチド3リン酸）は RNA 分子を作るための材料であり，RNA の 4 種類の塩基に対応して ATP，CTP，GTP，UTP の 4 種類があるが，ここではこれらの 4 種類を NTP と総称している．また，n はメッセンジャー RNA の長さを示している．厳密には，NTP からはリン酸が生成され，そのために水分子が必要であるが，ここでは省略している．mRNA1234 は，G1234 から転写されたメッセンジャー RNA を示す．

細胞内の多くの化学反応には，反応物と生成物以外に，化学反応を促進する酵素が必要である．転写には，RNA ポリメラーゼと呼ばれる酵素が必要である．RNA ポリメラーゼを RNAp と書いて明示すると，上の化学反応は以下のように記することができる．

$$\mathrm{G1234} + n\mathrm{NTP} + \mathrm{RNAp} \ \rightarrow \ \mathrm{G1234} + \mathrm{mRNA1234} + \mathrm{RNAp}$$

さらに，遺伝子の転写には，RNA ポリメラーゼ以外にも，遺伝子もしくは遺伝子の周辺に結合して遺伝子の転写の制御を行う，転写因子と呼ばれるさまざまなタンパク分子がかかわっている．例えば，G1233 という遺伝子が生成するタンパク P1233 が，G1234 という遺伝子の転写を抑制する，という状況が考えられる．さらに，G1234 の生成するタンパク P1234 が，G1233 の転写を抑制するかもしれない．このような転写の抑制（もしくは促進）の関係によって，遺伝子は複雑に関係し合っているのである．

転写因子が結合して遺伝子の転写が可能になった状態は，遺伝子のスイッチがオンになった状態と考えることができる．すなわち，遺伝子にはオンとオフの二つの離散的な状態があると考えられる．これは，細胞の中の化学系の離散的側面の典型例である．

一般に，連続的な側面と離散的な側面を併せ持つモデルは，ハイブリッド・システムと呼ばれている．例えば，ハイブリッド・システムの一種であるハイブリッド・オートマトンでは，モデルを規定する連続量を時間に従って連続的に変化させるための微分方程式を，離散的な状態ごとに切り替えることができる．すなわち，離散状態が異なれば微分方程式も異なる．逆に，離散状態は，連続量も含めた条件によって遷移する．ハイブリッド・システムについては，本書の第6章で詳しく述べる．

1.2.1.2　翻訳

セントラル・ドグマにおいては，メッセンジャー RNA からタンパクが生成される．この過程を翻訳という（図1.7）．翻訳も，極めて大雑把には，以下のような化学反応と捉えることができる．

$$\mathrm{mRNA1234} + k\mathrm{tRNA\text{-}AA} \;\rightarrow\; \mathrm{tRNA} + \mathrm{mRNA1234} + \mathrm{P1234}$$

AA は20種類のアミノ酸を総称しており，tRNA-AA は，トランスファー RNA とアミノ酸の複合体を示す．トランスファー RNA とは，メッセージャー RNA 上の連続した三つの塩基（コドン）と結合する分子であり，三つの塩基に一つのアミノ酸を対応させている．k はタンパクの長さ（アミノ酸の数）を示す．P1234 は生成されたタンパクを表している．このタンパクは，トランスファー RNA のアミノ酸が結合して作られたものである．翻訳にもリボソームと呼ばれる酵素が必要である．これは酵素というよりも巨大な分子機械と呼ぶべきだろう．

動物や植物の細胞内では，マイクロ RNA と呼ばれる短い RNA 分子が，特定の遺伝子のメッセンジャー RNA と結合してその翻訳を阻害したり，さらにメッセンジャー RNA を分解するなどして，特定の遺伝子の発現を抑制する現象が知られている．これは，タンパクの転写因子とは異なる遺伝子発現制御の機構である．マイクロ RNA は，染色体の遺伝子でない領域から転写された RNA をもとに，いくつかの酵素の働きによって作られる．

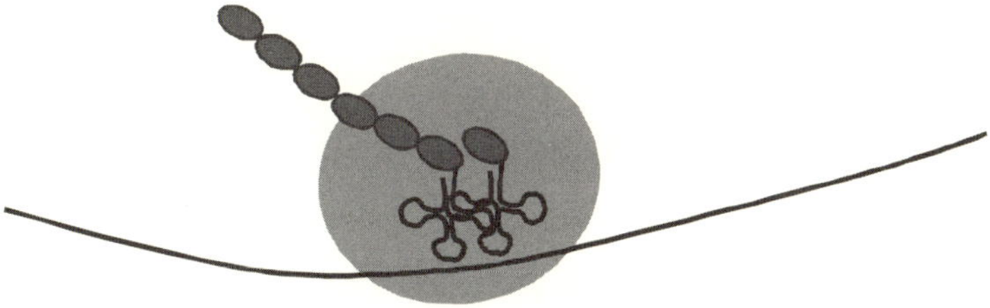

図 1.7 翻訳

1.2.1.3 トグル・スイッチ

ある遺伝子の生成するタンパクが，別の遺伝子（もしくは自分自身）の転写を抑制（もしくは促進）することを述べたが，具体的な事例として，大腸菌の中で実現された人工遺伝子回路を紹介しよう．この例では，上述したように，二つの遺伝子がお互いに抑制し合うことにより，二状態のトグル・スイッチが実現されている．より具体的には，*lacI* と λcI という二つの遺伝子が用意される．*lacI* の生成する LacR というタンパクは，λcI の転写を制御するプロモータと呼ばれる部位に結合して，λcI の転写を抑制する．逆に，λcI の生成する λCI というタンパクは，*lacI* のプロモータに結合して *lacI* の転写を抑制する．さらに，λCI は，マイトマイシン C と呼ばれる分子（抗生物質の一種）によって間接的に分解される．

以上のような転写制御の状況は，図 1.8 のような遺伝子回路として模式化される．図の中で，太い矢印はプロモータと転写の方向を表している．やや太い線は遺伝子を表し，そこから出た細い線の先にある ⊥ は，遺伝子が生成したタンパクによる抑制を表している．マイトマイシン C によるタンパクの分解も ⊥ によって表されている．

この系は，実際には上述したように，各々の遺伝子のメッセンジャー RNA を含む複雑な反応から成り立っているが，LacR と λCI の濃度が互いに影響しあって変化する系として単純化できる．

すなわち，λCI と LacR の濃度を u と v で表すと，

$$\frac{du}{dt} = \alpha_1 + \frac{\beta_1 K_1^3}{K_1^3 + v^3} - \left(d_1 + \frac{\gamma s}{1+s}\right) u$$

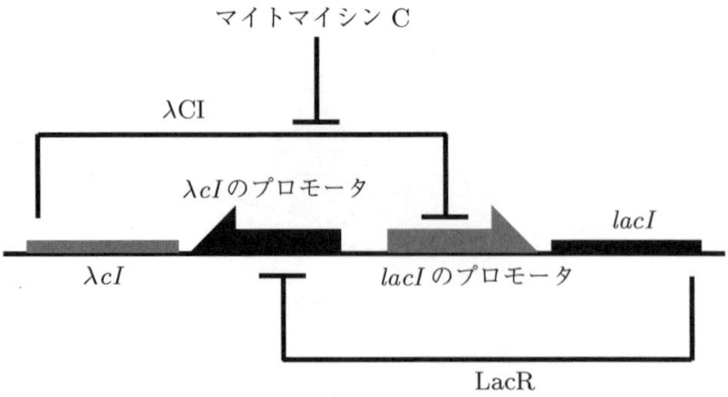

図 1.8　トグル・スイッチの回路

および

$$\frac{dv}{dt} = \alpha_2 + \frac{\beta_2 K_2^3}{K_2^3 + u^3} - d_2 v$$

という微分方程式によってモデル化されている．

α_1 はλCI が生成される速度のうち，LacR に依存しない部分を表し，$\dfrac{\beta_1 K_1^3}{K_1^3 + v^3}$ という項が，LacR によって抑制される部分を表している．この部分は $v = 0$ ならば β_1 となり，v が大きくなると 0 に近づく．この項は，次のように説明することができる．

λcI のプロモータを P_L とすると，次のように，3 個の LacR と P_L が結合して，λcI の転写を阻害する構造 P_L' を作る．

$$P_L + 3\mathrm{LacR} \leftrightarrow P_L'$$

この反応の平衡定数を K とすると，P_L の濃度と P_L' の濃度の和は一定なので，これを C とおくと，P_L の濃度 x に対して

$$xv^3 = K(C - x)$$

という方程式が立つ．これを解くと，

$$x = \frac{KC}{K + v^3}$$

となる．$K_1^3 = K$ によって K_1 を定義し，係数 β_1 を調整すれば，項 $\dfrac{\beta_1 K_1^3}{K_1^3 + v^3}$

が得られる．

項 $\left(d_1 + \dfrac{\gamma s}{1+s}\right)u$ は λCI の分解速度を表しており，λCI 自身の濃度 u に比例する．項 $d_1 u$ は λCI の固有の分解速度であり，項 $\dfrac{\gamma s}{1+s}u$ はマイトマイシン C に依存する分解の速度である．s はマイトマイシン C の濃度に比例するパラメータである．

最初に λCI の濃度が高ければ，LacR の生成は抑制されるので，λCI の生成が維持されて，この状態は安定となる．ところが，何らかの要因で λCI の濃度が低くなると，例えばマイトマイシン C により λCI の分解が進むと，LacR の生成の抑制が弱くなり，LacR の濃度が高まる．すると，λCI の生成が抑制されるので，この状態も安定となる．微分方程式による安定性の解析については，§3.1.3 で簡単に述べる．

しかしながら，上のような非線形の微分方程式を解析することは非常に難しい．そこで，非線形の微分方程式を区分線形 (piecewise linear) もしくは区分アフィン (piecewise affine) の微分方程式で近似し，定性的に解析する試みが行われている（第 6 章）．なお，区分アフィンの微分方程式によって記述されたモデルは，区分ごとに別の離散状態を持つハイブリッド・システムと考えることができる．

さらにモデルを単純化すると，制御因子の濃度が閾値より大きいか小さいかによって，遺伝子の離散的な状態がオンかオフになるハイブリッド・システムが得られる [6]．なぜなら，$\dfrac{\beta_1 K_1^3}{K_1^3 + v^3}$ という式の値は，K_1 を閾値として急激に変わるので，$v > K_1$ の場合は 0，$v < K_1$ の場合は β_1 という近似が可能だからである．参考までに，$\dfrac{1}{1+x^3}$ と $\dfrac{1}{1+x^9}$ のグラフを図 1.9 に示す．$1/(1+x^n)$ における n が大きくなると，特定の閾値を境として離散的に遷移する状況に近くなる．

逆に，遺伝子が染色体上にある場合のように，遺伝子が細胞に一つしかないとき，その活性を濃度で捉えるのは不自然ではないだろうか．すなわち，上の議論における P_L や P'_L の濃度とは，遺伝子のプロモータがいずれかの状態をとる確率と考えざるをえない．非常に短い時間間隔で両者の状態が行ったり来

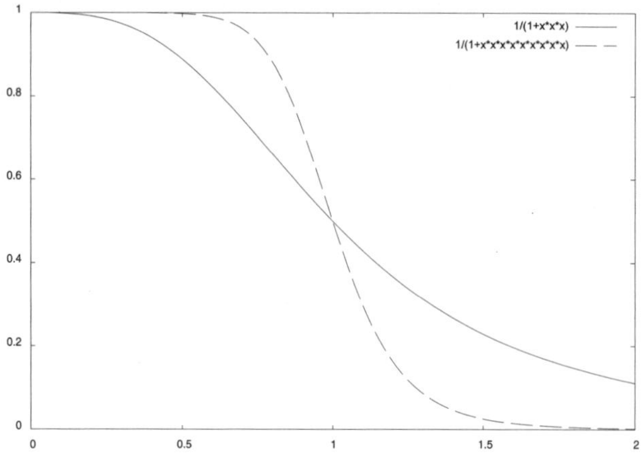

図 1.9　$\dfrac{1}{1+x^3}$ と $\dfrac{1}{1+x^9}$

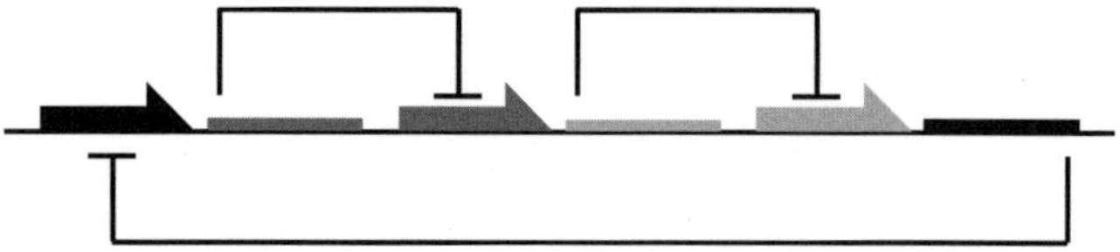

図 1.10　オシレータの回路

たりしていればよいが，そうではないとき，$P_L + 3\mathrm{LacR} \leftrightarrow P'_L$ という反応による離散的な状態遷移を含むようなモデルのほうが適切と考えられる．

1.2.1.4　オシレータ

トグル・スイッチよりも，もう一つ遺伝子を増やして，三つの遺伝子がお互いに抑制し合うことにより，遺伝子の発現が振動するオシレータを実現することができる [9]．図 1.10 にオシレータの回路を示す．

1.2.1.5　代謝

いうまでもなく，細胞の中では，以上のような遺伝子の転写制御だけでなく，細胞の構成要素を生産したり，細胞の活動を維持するエネルギーを生成するための基本的な化学反応が数多く進行している．このような化学反応は，総称して代謝と呼ばれている．

例えば，細胞呼吸を構成する反応系の一つであるTCAサイクル (tricarboxylic acid cycle) は，10個の酵素反応から成り立っており，解糖系などから生成されたアセチル・コエンザイムによって起動され，電子伝達系やATP合成反応系で用いられるNADHなどを生成する．最初の酵素反応でオキサロ酢酸とアセチル・コエンザイムが消費され，最後の酵素反応でオキサロ酢酸とNADHが生成されるというサイクルを構成している．

代謝と遺伝子の転写制御はお互いに関連し合っている．遺伝子が発現することより代謝に必要な酵素が作られる．逆に，代謝によって生成されるさまざまな物質が遺伝子の転写を制御している．このような関係を人工遺伝子回路の中で利用しようとする試みもある [10]．

1.2.1.6 シグナル伝達

さらに，外部からのさまざまな刺激を細胞内部に伝達し，最終的に特定の遺伝子の転写に至る化学反応が数多く知られている．このような刺激の伝達の化学反応は，一般にシグナル伝達系と呼ばれている．

図1.11は，典型的なシグナル伝達系であるMAPKシグナル伝達系を示している．細胞に刺激が来ると，細胞膜の上でいくつかのタンパクが集まって構造体を作り，形態を変化させて，リン酸化の酵素として活性の状態に至る．

リン酸化酵素は，あるタンパクのあるアミノ酸をリン酸化する機能を持っている．その際に，ATPを消費してADPを生成する．特に，ここでは，チロシンというアミノ酸がリン酸化される酵素を扱う．

図1.11において，細胞外からの刺激により，Rafと呼ばれるタンパクが活性になると，MEKというタンパク（のチロシン）がリン酸化される．MEK自身もリン酸化酵素であり，Rafによってリン酸化された結果，活性の状態に至る．すると，今度は，ERK（MAPキナーゼ）というタンパク（のチロシン）がリン酸化される．リン酸化されたERKは重合して活性になり，さまざまなタンパクをリン酸化する．特に，重合して核内に移動して，転写因子をリン酸化することにより，転写因子を活性化する．これに従って，特定の遺伝子の転写が

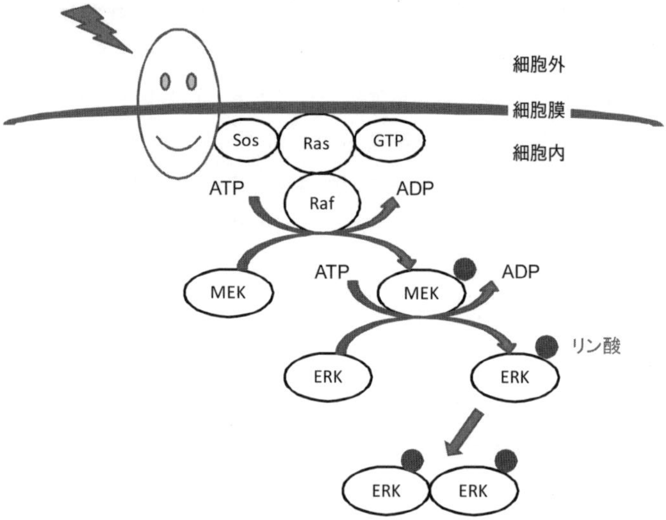

図 1.11　MAP キナーゼによるシグナル伝達系

促進される．

1.2.2　細胞の膜構造

1.2.2.1　階層的な膜構造

細胞の中の構造は一様ではない．細胞膜が細胞の中と外を隔てているように，細胞の中にも，多くの膜構造が存在していて，膜の中と外を隔てている．しかも，膜の中にさらに膜が存在する，という階層構造を成している．図 1.12 は，典型的な動物細胞の模式図である．

細胞内では，以上のような膜によって区切られたコンパートメントにおいて，局所的にさまざまな化学反応が進んでいる．したがって，細胞の各所で起こる局所的な化学反応を適切にモデル化する方法が必要となる．

分子によっては，膜を透過して，膜の外から中へ，逆に中から外へ移動するものがある．このような膜の透過を含めて，分子の細胞内移動は，細胞の活動にとって欠かすことのできない現象の一つである．

分子は細胞内で移動するだけでなく，細胞の外側を囲む膜である細胞膜を通

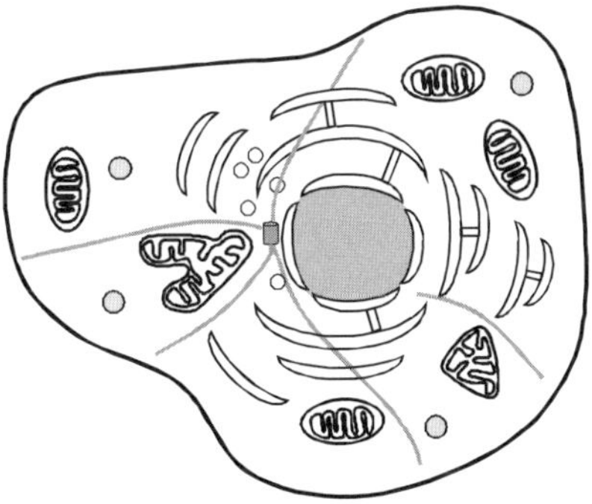

図 1.12 細胞

して，細胞内から細胞内へ移動したり細胞外から細胞内へ移動する．したがって，ある種の分子は，ある細胞から出力され別の細胞が入力として受け取る．特に，上述したシグナル伝達系への入力となる．このような細胞間の分子の授受は，細胞間のコミュニケーションの基盤である．

1.2.2.2 膜構造の変化

さらに，細胞においては，膜の構造は動的に変化している．例えば，膜がそのまま，他の膜の中へ飲み込まれる，という現象が頻繁に起こる．このような膜構造の変化をまとめたのが図 1.13 である．

階層的な膜の構造は，プログラミング言語における手続きや関数の階層構造を想起させる．また，オブジェクト指向言語における階層的なクラスにも似ている．そこで，プログラミング言語の分野で研究されてきた階層的なプログラム構造を持った計算モデルによって，細胞のモデル化を行おうとする試みが数多く行われている．

特に，細胞内の膜構造の中の化学反応は，独立に並列に起こる．さらに，膜構造を透過する分子の移動によって，膜構造間のコミュニケーションが存在する．このような状況をモデル化する枠組として，パイ計算などの並行プロセス計算が適当であると考えられ，実際に，パイ計算もしくはパイ計算を拡張した並行プロセス計算によって，細胞をモデル化する試みが数多く行われている．

本書の第 4 章においては，パイ計算などの並行プロセス計算の基礎について

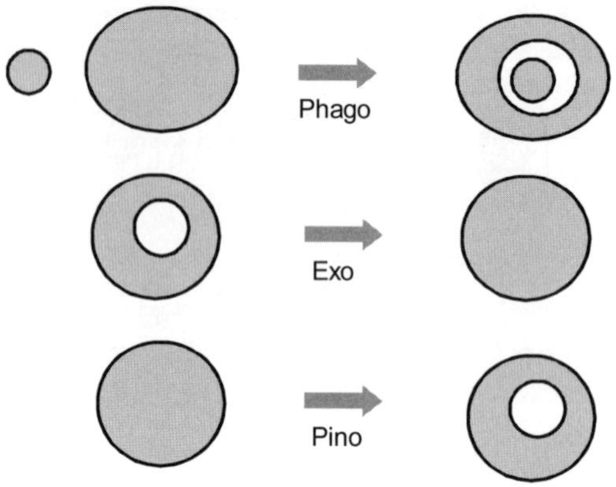

図 1.13　膜構造の変化

概説するとともに，膜構造の変化も含めて，細胞の活動をモデル化する枠組に関して詳しく述べる．

1.2.3　多細胞系

1.2.3.1　quorum sensing

おそらく，多くの細胞が協調するためのコミュニケーションの最も基本的な形が，quorum sensing であろう．quorum とは「議決に要する定足数」という意味であり，バクテリアなどの細胞がある程度の数だけ集まったときに，細胞が何らかの変化を起こすための仕組みである．

具体的には，各細胞がある種の分子を生成し続ける．この分子は細胞の中から細胞の外へ拡散するとともに，細胞の外から細胞の中へも侵入する．したがって，細胞の密度が高まると分子の濃度も高くなる．各細胞は，その分子の濃度を常に計測しており，ある閾値よりも高くなったときに状態を変化させる．例えば，ある遺伝子の発現を開始する．

実際に，海に棲む Vibrio fischeri というバクテリアは，AHL(acyl-homoserine lactone) という分子を用いて上述のような quorum sensing を実現しており，密度がある程度高くなると発光する．

AHL を用いて人為的に細胞間のコミュニケーションを実現しようとする試み

が多く行われている [11].

1.2.3.2 Turing パターン

以上で述べた細胞における各種の化学反応と細胞間の分子によるコミュニケーションが積み重なって，多細胞系のさまざまなパターン形成が現実のものとなる．

Turing パターンは，もともとは，多細胞系におけるパターン形成を説明するモデルとして提案されたものである．ただし，細胞を微小にした極限において，微分方程式によってモデル化され解析されている．

2 種類の分子 U と V を考える．U は U 自身と V の生成を促進し，V は V 自身と U の生成を抑制する．U の濃度 $[U]$ を u とおき，V の濃度 $[V]$ を v とおくと，次のような微分方程式が得られる．

$$\frac{du}{dt} = au - bv + f$$

$$\frac{dv}{dt} = cu - dv + g$$

この方程式は収束もしくは発散し，振動はしない．

しかし，以上のモデルに拡散を加味すると，濃度の空間的な振動が生じる．これが Turing パターンである．すなわち，拡散項を追加すると，以下のような微分方程式が得られる．

$$\frac{\partial u}{\partial t} = au - bv + f + D_u \Delta u$$

$$\frac{\partial v}{\partial t} = cu - dv + g + D_v \Delta v$$

時間微分は $\frac{\partial}{dt}$ に書き直した．D_u は U の拡散定数を表す．Δu は u のラプラシアンを示し，二次元ならば，

$$\Delta u \ = \ \frac{\partial^2 u}{\partial x^2} + \frac{\partial^2 u}{\partial y^2}$$

と定義される．

特に，Turing パターンは，V の拡散定数 D_v が D_u よりも大きいときに生じる．抑制分子のほうが早く拡散するために，U の増加が空間的に限定されるからである．また，BZ 反応と異なり，Turing パターンは時間とともに変動しない．

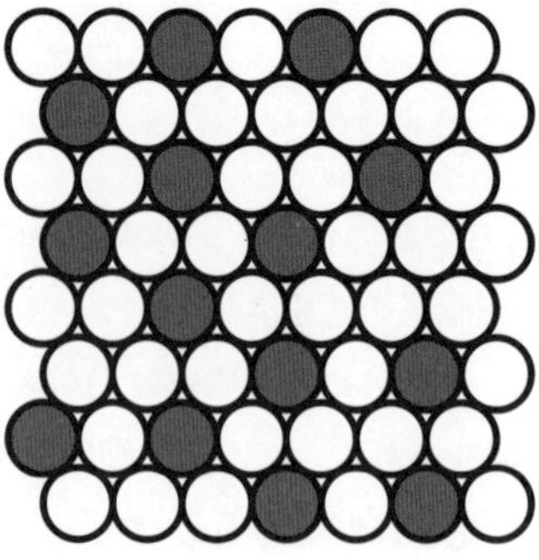

シミュレーションによる結果の一部：色のついている丸とついていない丸がそれぞれ，Delta 濃度が高い細胞と低い細胞を表している．

図 1.14　Delta と Notch によるパターン形成

1.2.3.3　Delta-Notch

前項において，Turing パターンを紹介した．実際に，Turing パターンのモデルによって，各種の生物におけるパターン形成が説明されている．Turing パターンのモデルにおける分子は，細胞膜から浸み出て拡散され，細胞によって受容されてシグナル伝達を通して，遺伝子の発現を制御する．

そのような分子の例として Delta と Notch がある．Delta と Notch を対象としたモデル化や解析が数多く行われている．Delta は細胞膜上の Notch に結合すると，Notch を活性化し，Notch を起点とするシグナル伝達系を起動する．大雑把には，Notch の活性レベルが上がると Delta の生成が抑制される，という関係がある．したがって，ある細胞において Delta が大量に生成されると，その近隣の細胞では Delta の生成は抑制される．この機構が，多くの生物のさまざまな組織において，いわゆる salt-and-pepper のパターン（まだら模様）を生成すると考えられている（図 1.14）．

以上のようなパターン形成をモデル化する試みは数多く行われている．Turing パターンは，細胞を微小にした極限において，偏微分方程式を用いて解析されたが，本来，細胞は 1 個，2 個と数えられるものであるから，細胞を単位とする離散的なモデルのほうが自然である．

実際に，古くからセル・オートマトンの研究が盛んに行われてきた．セル・

オートマトンは，セルと呼ばれる離散的な状態遷移系が，一次元や二次元の格子状に並んだ理論的モデルであり，各セルは，一様な規則に従って，自分の状態とその近傍のセルの状態をもとに次の状態を決める．すべてのセルは同期的に状態を遷移させる．

いうまでもなく，セル・オートマトンのセルは細胞をモデル化しており，各種のパターン形成がセル・オートマトンによって再現されている．さらに，近年では，より現実的かつ強力なモデルが提案されている．アモルファス計算はその一つである．セル・オートマトンやアモルファス計算などの多細胞系のモデルについては，本書の第 5 章で述べる．

個々の細胞をハイブリッド・システムでモデル化した場合，多細胞系に対しても，ハイブリッド・システムをセルとするモデルが適当であると考えられる．実際に，ハイブリッド・システムをベースに，パターン形成をモデル化する試みも数多く行われている．本書の第 6 章においてこのような試みを紹介する．特に，§6.1.6 で Delta と Notch によるパターン形成のモデル化の事例を紹介する．

1.2.4 神経系

1.2.4.1 ニューロン

Hodgkin-Huxley 式によれば，ニューロンすなわち神経細胞の膜電位は，以下のような微分方程式に従う．

$$C_m \frac{dV}{dt} = I - \overline{g}_{\mathrm{Na}} m^3 h (V - V_{\mathrm{Na}}) - \overline{g}_{\mathrm{K}} n^4 (V - V_{\mathrm{K}}) - \overline{g}_{\mathrm{L}} (V - V_L)$$
$$\frac{dm}{dt} = \alpha_m(V)(1-m) - \beta_m(V)m$$
$$\frac{dh}{dt} = \alpha_h(V)(1-h) - \beta_h(V)h$$
$$\frac{dn}{dt} = \alpha_n(V)(1-n) - \beta_n(V)n$$

ここで，V は膜電位，m と h はナトリウム・チャネルのコンダクタンスを表す変数，n はカリウム・チャネルのコンダクタンスを表す変数である．$\overline{g}_{\mathrm{Na}}$ と $\overline{g}_{\mathrm{K}}$ と $\overline{g}_{\mathrm{L}}$ は，それぞれ，ナトリウム・チャネルとカリウム・チャネルと漏れチャネルの最大コンダクタンスを表す定数である．$\alpha_m(V)$ や $\beta_m(V)$ は，膜電位 V に依存するチャネルの速度定数を与える関数である．

いうまでもなく，以上のような非線形の微分方程式を解析することは非常に難しい．そこで，§1.2.1.3 で述べたように，このような微分方程式を区分線形もしくは区分アフィンの微分方程式で近似して解析する試みが行われている．区分線形や区分アフィンの微分方程式によって記述されたモデルは，区分ごとに別の離散状態を持つハイブリッド・システムと考えることができる．ハイブリッド・システムに関しては第 6 章で詳しく述べる．

膜電位は連続量であるが，興奮しているか否かという離散的な状態によって神経細胞をモデル化するのが適当な場合もある．ただし，その場合でも，興奮の時間的なずれが重要になるため，時刻は連続量で捉える必要がある．スパイキング・ニューロン (spiking neuron) は，このような考えに基づくハイブリッドなモデルである．スパイキング・ニューロンについては第 5 章で簡単に触れる．

1.2.4.2　ニューラル・ネットワーク

先に述べたように，多細胞系の中でも，高等生物において情報処理を担う神経系は，際立った特徴を有している．

もちろん，神経細胞も細胞の一種であるから，上述したような細胞のモデル化の枠組を適用することができる．例えば，化学シナプスにおける興奮の伝達においては，シナプス小胞と呼ばれる膜構造が細胞膜と融合して消滅し，小胞の中の分子が細胞外に放出される．まさに膜構造の動的な変化が起こっている．

しかし神経細胞の特徴は，何といっても，空間的な近傍にある細胞とだけではなく，シナプス結合を持つ遠方の，しかも非常に多数の細胞とコミュニケーションを行うことだろう．したがって，神経系における細胞間の結合関係は，セル・オートマトンにおけるような空間的な隣接関係では表すことができない．すなわち，より自由な構造を持ったモデルが必要になる．そこで，いうまでもなく，神経系はニューラル・ネットワークすなわち神経細胞のネットワークとしてモデル化されてきた．

ネットワークはグラフ構造と言い換えることができる．神経細胞のノードと考えると，神経細胞と神経細胞の間のシナプス結合は，ノードからノードへのエッジと考えられる．

一般に，グラフ構造は階層的な膜構造を一般化したものであり，その自由さによって，さまざまな対象をモデル化することができる．近年では，並行計算の分野においても，計算機システムをグラフ構造によってモデル化する研究が盛んに行われている．計算過程は，グラフの書き換えの過程として捉えられる．グラフの書き換えには，ノードとノードの間のエッジの張り替えも含まれている．

神経系の場合，興奮の伝達においてはエッジの張り替えは起こらないが，学習の過程においては，新しいエッジの生成など，エッジの張り替えが起こる．

1.2.5 生態系

本書の範囲を越えるが，細胞が集まって作られる多細胞生物の個体の間のインタラクションは，細胞の間のインタラクションとはレベルを異にしているが，同様のモデルを用いて記述できることも多い．数理生物学，特に数理生態学においては，個体の間のインタラクション，さらに空間的な場におけるインタラクションが詳細に研究されている [12]．

例えば，被食者と捕食者の関係を表す Lotka-Vorterra のモデルは，u を被食者の個体数，v を捕食者の個体数としたときに，次のような微分方程式によって定式化される．

$$\frac{du}{dt} = u(p - qv)$$
$$\frac{dv}{dt} = -v(r - su)$$

両者の個体数は時間的に変動する．

数理生態学では，セル・オートマトンや偏微分方程式を駆使して，このような個体間のインタラクションのモデルが定式化され解析されている．例えば，Turing パターンと同様に拡散項を追加すると，方程式は以下のようになる [13]．

$$\frac{\partial u}{\partial t} = u(p - qv) + D_u \mathit{\Delta} u$$
$$\frac{\partial v}{\partial t} = v(r - su) + D_v \mathit{\Delta} v$$

第2章

状態遷移系の基礎

多くのシステムは，イベントや時間経過によって状態を遷移させる状態遷移系としてモデル化することができる．本章では，状態遷移系の基礎的内容について述べ，状態遷移系とその解析の具体例として，マルチセット書き換え系とペトリネットを取り上げる．

なお，以下では，$\mathbb{N}$ は自然数全体[*1]の集合 $\{0, 1, 2, \ldots\}$，$\mathbb{N}_+$ は正整数全体の集合 $\{1, 2, \ldots\}$ を表すものとし，$\mathbb{R}_+$ と $\mathbb{R}_{\geq 0}$ はそれぞれ正あるいは非負の実数全体の集合を表すものとする．

2.1　状態遷移系とは

状態遷移系は，システムの状態がどのように遷移しうるかを表すものである．形式的には，状態の集合 S と，遷移関係 $\rightarrow$ からなる組 $(S, \rightarrow)$ として定義される．ここで，遷移関係 $\rightarrow$ は，S 上の二項関係，すなわち，$S \times S$ の部分集合である．

状態遷移系 $(S, \rightarrow)$ において，状態 s と t が遷移関係 $\rightarrow$ で関係づけられている（すなわち，$s \rightarrow t$ あるいは $(s, t) \in \rightarrow$）とき，s から t に遷移できる，あるいは s から t に遷移があるという．

[*1] 自然数には 0 を含まないとする定義あるいは流儀と，0 を含むとするものの両方がある．高等学校までの教育では前者が用いられるが，0 を含んだほうが全体の一貫性の面で都合がよい分野では後者のほうが定着している．本書では自然数には 0 を含めて考えるものとする．

(例) A, B 2人でじゃんけんを繰り返し行うことを考える．状態としてはA, Bそれぞれの勝数を組にするのが自然であろう．このとき，状態 (n, m) $(n, m \in \mathbb{N})$ から遷移できる状態は (n, m) (あいこ)，$(n{+}1, m)$ (A が勝った)，$(n, m{+}1)$ (Bが勝った) の三つである．したがって，状態遷移系 $(S, \rightarrow)$ は，$S = \{(n, m) \mid n, m \in \mathbb{N}\}$, $\rightarrow = \{((n, m), (n', m')) \in S \times S \mid n \leq n',\ m \leq m',\ (n'{+}m') - (n{+}m) \leq 1\}$ などのように書くことができる．

場合によっては初期状態の集合 $S_0 (\subseteq S)$ を加えた状態遷移系を考えることがあり，これを「状態遷移系 $(S, \rightarrow, S_0)$」のように書く．上記のじゃんけんの例では (もしハンディキャップをつけないとすれば)，$\{(0, 0)\}$ を初期状態の集合とするのが妥当であろう．

状態遷移系 $(S, \rightarrow)$ は自然に有向グラフとみなすことができる．すなわち，状態の集合 S をグラフの点の集合とし，$s, t \in S$ に対し，s から t に遷移できるとき，またそのときに限り，s から t にグラフの有向辺が存在するとする．このような対応関係を用いて，状態遷移系をグラフの形で図示することがある．

(例) 図 2.1 は初期状態の集合を $\{(0, 0)\}$ としたときのじゃんけんの例を有向グラフで図示したものの一部である．

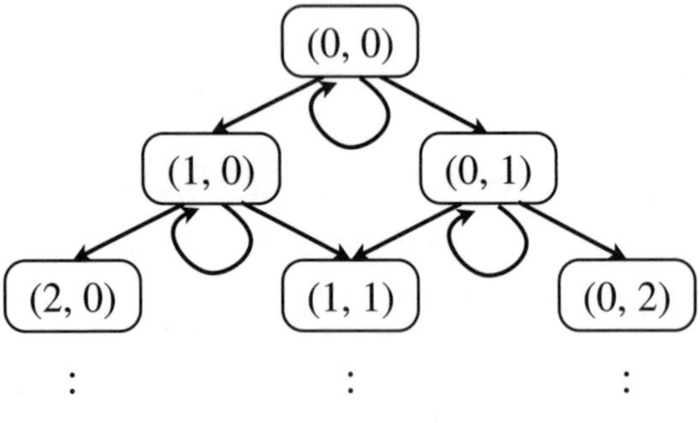

図 2.1　有向グラフとしての状態遷移系

状態遷移系 $(S, \rightarrow)$ において，$\rightarrow$ の反射推移閉包を $\rightarrow^*$ と書く．これは，

- 任意の $s \in S$ に対し，$s \rightarrow^* s$
- 任意の $s, t, u \in S$ に対し，$s \rightarrow^* t$ かつ $t \rightarrow u$ ならば $s \rightarrow^* u$

と再帰的に定義される関係である．直感的には，$s \to^* t$ とは s から t に 0 回を含む有限回の遷移を繰り返すことにより辿りつくことができるということを意味している．

$s \to^* t$ のとき，s から t に**到達可能**であるという．初期状態の集合を持つ状態遷移系 $(S, \to, S_0)$ においてどこからかを明示せずに「到達可能」といった場合は，初期状態のいずれかから到達可能であることを表しているものとする．

（例）上のじゃんけんの例では，$(0,0)$ から $(1,2)$ に到達可能であるが，$(1,2)$ から $(2,1)$ には到達可能でない．

先にどちらかが 3 勝した時点でじゃんけんをやめることにしたとする．この場合，$(0,0)$ から到達可能な状態全体の集合は，$\{(n,m) \mid 0 \le n \le 3,\ 0 \le m \le 3,\ n+m \ne 6\}$ となる．

どちらかが 3 勝した時点でやめるじゃんけんの例は，有向グラフにすると有限グラフになる．一方，途中でやめない例の場合は，図 2.1 に見られるように，無限グラフになる．ただし，いずれの場合も，ある状態から遷移可能な状態は有限個である．このように，任意の状態 $s \in S$ において，s から遷移できる状態の集合 $\{t \mid s \to t\}$ が有限集合となるとき，その状態遷移系 $(S, \to)$ は**有限分岐**であるという．

通常，状態の遷移は時間経過やシステム内外からのイベントによって起こる．すると，遷移を起こすイベントの種類を区別したいことがあるであろう．そのような場合は，状態遷移系の遷移にラベルのついた，**ラベル付き状態遷移系**を用いることが多い．

ラベル付き状態遷移系とは，状態の集合 S と，ラベルの集合 L，およびラベル付き遷移関係 $\to$ からなる組 $(S, L, \to)$ のことである．ここで，ラベル付き遷移関係 $\to$ は $\to \subseteq S \times L \times S$ となる三項関係である．

ラベル付き状態遷移系において，$(s, a, t) \in \to$ のとき，これを $s \xrightarrow{a} t$ と書くことがある．また,（ラベル無しの）状態遷移系と同様，初期状態の集合を付け加えたラベル付き状態遷移系 $(S, L, \to, S_0)$ を考えることもある．

ラベル無しの状態遷移系は，ラベルが一点集合であるようなラベル付き状態遷移系とみなすことができる．

（例）先のじゃんけんの例で，$L = \{\mathbf{a}, \mathbf{b}, \mathbf{e}\}$ とし，それぞれ A の勝ち，

B の勝ち，あいこを表すものとする．すると，その遷移関係 $\rightarrow$ は，$\rightarrow = \{((n,m),\mathbf{a},(n+1,m)) \mid n,m \in \mathbb{N}\} \cup \{((n,m),\mathbf{b},(n,m+1)) \mid n,m \in \mathbb{N}\} \cup \{((n,m),\mathbf{e},(n,m)) \mid n,m \in \mathbb{N}\}$ と表される．

ラベルの集合 L に対し，L^* を L の（長さ 0 以上の）有限列全体の集合とする．また，空列を ε で表し，列 $\sigma,\rho \in L^*$ の連接（σ と ρ をつなげてできる列）を $\sigma\rho$ と書く．また，$a \in L$ のみからなる長さ 1 の列を単に $a(\in L^*)$ と書く．

$\sigma \in L^*$ に対し，$\xrightarrow{\sigma} \in S \times S$ を次のように再帰的に定義する．

- 任意の $s \in S$ に対し，$s \xrightarrow{\varepsilon} s$
- 任意の $s,t,u \in S$ に対し，$s \xrightarrow{\sigma} t$ かつ $t \xrightarrow{a} u$ ならば $s \xrightarrow{\sigma a} u$

$s \xrightarrow{\sigma} t$ となる $\sigma \in L^*$ が存在するとき，s から t に**到達可能**であるという．

（例）じゃんけんの例では，$\sigma = \mathbf{abea}$ のとき，$(0,0) \xrightarrow{\sigma} (2,1)$ である．$\sigma = \mathbf{ebeaa}$ のときも $(0,0) \xrightarrow{\sigma} (2,1)$ である．

2.1.1　状態の同値性

2.1.1.1　同値な状態

（ラベル付き）状態遷移系を通してシステムの性質を論じる際，状態そのものが内部的に持っている情報（例えばじゃんけんの例でいえば何勝したかの情報）に関係なく，システムの遷移の様子を外部から観察したときの振舞いに着目することがよく行われる．システムが外界に及ぼす影響が同じであれば，システム内部の具体的な状態がどのようになっているかは問わない場合などである．このような場合，二つの状態が「同値」であるかを判断する際に，たとえ内部的に持っている情報が異なっていても，外部から見たときの振舞いが等しければ「同値」であるとみなしてよい．

何をもって振舞いとするか，どのように 2 状態を関連づけるのか（「同値」か「順序付け」か）には，どのような種類の性質に着目するかによって，いくつもの基準や方法がある．本項では，その中でも特に基本的なトレース同値と双模倣について述べる．

2.1.1.2 トレース同値

トレース同値によって定まる，ある状態における「振舞い」とは，その状態から始まるような（有限の）遷移列に結びつけられたラベル列を網羅したものである．

ラベル付き状態遷移系 $(S, L, \rightarrow)$ と $s \in S$ に対し，$\sigma \in L^*$ が s の**トレース**であるとは，ある $t \in S$ が存在して $s \xrightarrow{\sigma} t$ が成り立つことである．s のトレース全体の集合を $T(s)$ と書く．$(S, L, \rightarrow)$ と $s, t \in S$ に対し，$T(s) = T(t)$ が成り立つとき，すなわちトレースの集合が等しいとき，s と t は**トレース同値**であるという．

ある状態における「振舞い」を特徴づける別の方法として，ある論理式のクラスを規定し，その状態が満たしうる論理式の集合を考えるというものがある．以下ではトレース同値に対応する論理式のクラスとして，トレース論理式のクラスを与える．

トレース論理式とは以下のように定義される論理式である．

- $\top$ はトレース論理式である．
- $a \in L$ でかつ，φ がトレース論理式であるとき，$\langle a \rangle \varphi$ もトレース論理式である．
- 以上の規則を有限回適用してできるもののみがトレース論理式である．

例えば $a, b \in L$ のとき，$\top$, $\langle a \rangle \top$, $\langle a \rangle \langle a \rangle \top$, $\langle a \rangle \langle b \rangle \top$ はそれぞれトレース論理式である．

上のような定義はしばしば BNF(Backus-Naur Form) と呼ばれる記法を用いて，簡潔に表現される．例えば，**トレース論理式**のクラスを定義する BNF は以下のようになる．

$$\varphi ::= \top \mid \langle a \rangle \varphi$$

ただし，a は集合 L の上を動くものとする．

$(S, L, \rightarrow)$ をラベル付き状態遷移系とする．このとき，「状態 s においてトレース論理式 φ が成り立つ」ということを表す関係 $s \models_{\mathrm{T}} \varphi$ を，次のように再帰的に定義する．

- 任意の $s \in S$ に対し，$s \models_{\mathrm{T}} \top$
- $s \xrightarrow{a} t$ および $t \models_{\mathrm{T}} \varphi$ を満たす $t \in S$ が存在するならば，$s \models_{\mathrm{T}} \langle a \rangle \varphi$

すなわち，$\top$ はどの状態でも成り立つような論理式で，$\langle a \rangle \varphi$ はラベル a で遷移した先の状態で φ を成り立たせるものがあるということを表す論理式である．

このとき，状態 $s, t \in S$ について，以下の二つのことは同値になる．

1. s と t がトレース同値である
2. s と t のそれぞれにおいて成り立つトレース論理式の集合は等しい．すなわち，$\{\varphi \mid s \models_{\mathrm{T}} \varphi\} = \{\varphi \mid t \models_{\mathrm{T}} \varphi\}$

同じラベルの集合をもつ二つのラベル付き状態遷移系においても，状態に対するトレースの集合を考えたり，それらを比較したりすることは可能である．よって，上で述べたトレース同値性の定義は，容易に二つのラベル付き状態遷移系の状態間の性質に拡張される．特に初期状態の集合がどちらも一点集合である場合にその初期状態間のトレース同値性を考える際は，状態を明示せずに単に（初期状態を持つ）ラベル付き状態遷移系の間のトレース同値性として述べることが多い．

2.1.1.3　双模倣

双模倣 (bisimulation) とは状態上の関係 R であって，以下の条件を満たすものである．

- sRt かつ $s \xrightarrow{a} s'$ ならば，ある t' が存在して $t \xrightarrow{a} t'$ かつ $s'Rt'$
- sRt かつ $t \xrightarrow{a} t'$ ならば，ある s' が存在して $s \xrightarrow{a} s'$ かつ $s'Rt'$

ある双模倣 R が存在して，sRt が成り立つとき，s と t は双模倣的 (bisimilar)，あるいは s は t に双模倣的であるといい，$s \leftrightarrow t$ と書く．

関係 $\leftrightarrow$ も双模倣であり，しかも状態上の双模倣関係のうち最大のものとなる．また，すぐに確かめられるように，任意の双模倣は状態間の同値関係である．

次の BNF により，**Hennessy-Milner 論理式**のクラスを定義する．

$$\varphi ::= \top \mid \neg\varphi \mid \varphi \wedge \varphi \mid \langle a \rangle \varphi$$

ただし，a は集合 L の上を動くものとする．

$(S, L, \to)$ をラベル付き状態遷移系とする．このとき，「状態 s において Hennessy-Milner 論理式 φ が成り立つ」ということを表す関係 $s \models_{\mathrm{HM}} \varphi$ を，次のように再帰的に定義する．

- 任意の $s \in S$ に対し，$s \models_{\mathrm{HM}} \top$
- $s \models_{\mathrm{HM}} \varphi$ でないならば，$s \models_{\mathrm{HM}} \neg\varphi$
- $s \models_{\mathrm{HM}} \varphi_1$ かつ $s \models_{\mathrm{HM}} \varphi_2$ ならば，$s \models_{\mathrm{HM}} \varphi_1 \wedge \varphi_2$
- $s \xrightarrow{a} t$ および $t \models_{\mathrm{HM}} \varphi$ を満たす $t \in S$ が存在するならば，$s \models_{\mathrm{HM}} \langle a \rangle \varphi$

すなわち，$\neg$ と $\wedge$ は同じ状態における否定と連言を表す．

このとき，有限分岐であるようなラベル付き状態遷移系 $(S, L, \to)$ とその状態 $s, t \in S$ について，以下の二つのことは同値になる．

1. s と t が双模倣的である
2. s と t のそれぞれにおいて成り立つ Hennessy-Milner 論理式の集合は等しい．すなわち，$\{\varphi \mid s \models_{\mathrm{HM}} \varphi\} = \{\varphi \mid t \models_{\mathrm{HM}} \varphi\}$

トレース論理式は Hennessy-Milner 論理式でもあるから，双模倣的な 2 状態はトレース同値でもある．しかし逆は一般には成り立たない．

（例）図 2.2 において，状態 s, t からのトレースの集合は $\{\mathbf{ab}\}$ である．一方，s_1 に双模倣的な状態を考えると，$s \xrightarrow{\mathbf{a}} s_1$ より，t からラベル $\mathbf{a}$ で遷移できる t_1 しか候補がない．しかし，s_1 と t_1 は双模倣的でない（トレース同値ですらない）ため，結局 s と t は双模倣的ではない．

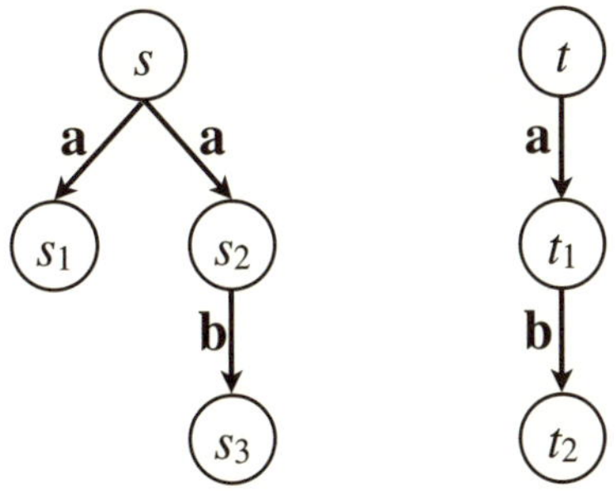

図 2.2 トレース同値であるが双模倣的でない例

トレース同値のときと同様に，双模倣は同じラベルの集合を持ち，初期状態の集合が一点集合であるような二つのラベル付き状態遷移系の間で考えることもできる．その定義は次のようになる．

ラベル付き状態遷移系 $\mathcal{S} = (S, L, \rightarrow_S, \{s_0\})$ と $\mathcal{T} = (T, L, \rightarrow_T, \{t_0\})$ に対し，$\mathcal{S}$ と $\mathcal{T}$ の間の双模倣とは，S と T の間の関係 $R \subseteq S \times T$ であって，以下の条件を満たすものである．

- $s_0 R t_0$
- sRt かつ $s \xrightarrow{a}_S s'$ ならば，ある t' が存在して $t \xrightarrow{a}_T t'$ かつ $s'Rt'$
- sRt かつ $t \xrightarrow{a}_T t'$ ならば，ある s' が存在して $s \xrightarrow{a}_S s'$ かつ $s'Rt'$

$\mathcal{S}$ と $\mathcal{T}$ の間に双模倣が存在するとき，$\mathcal{S}$ と $\mathcal{T}$ は双模倣的であるといい，$\mathcal{S} \underline{\leftrightarrow} \mathcal{T}$ と書く．

$\mathcal{S} = (S, L, \rightarrow_S, \{s_0\})$ と $\mathcal{T} = (T, L, \rightarrow_T, \{t_0\})$ に対し，S と T の直和を状態集合とし，$\rightarrow_S$ と $\rightarrow_T$ をその直和の間の関係として埋め込んだものを遷移関係とするラベル付き状態遷移系を考える．すると，このようにして作られたラベル付き状態遷移系において s_0 と t_0 が（一つめの定義の意味で）双模倣的であることと，$\mathcal{S}$ と $\mathcal{T}$ が（二つめの定義の意味で）双模倣的であることが同値となる．

2.1.2　モデル検査

状態遷移系のように，厳密に文法や意味が定義された体系，すなわち形式的な (formal) 体系の上でシステムを記述することの利点として，解釈の揺れを生じがちな自然言語による記述と比較し，誤解の恐れがないということは明らかであろう．さらにシステムの形式的な記述の重要な利点として，計算機による処理の対象として扱うことが可能になるという点が挙げられる．

状態遷移系によるシステムの記述を計算機による処理対象として考えるとき，そのシステムがある種の性質，例えばデッドロックに陥らないなどの性質を満たすかどうかを検証したいというのは自然な要求であろう．そのような検証に用いられる技術の一つとして，**モデル検査**と呼ばれるものがある．

以下にモデル検査の典型的な道具立てを述べる．手順としてはモデル化，仕様の記述，検証の 3 段階を踏むこととなる．まずモデル化であるが，これは検証対象のシステムをモデル検査ツールが扱えるような形で，形式的に記述することである．このとき，例えばシステムの記述に状態遷移系を用いたとすれば，対象のシステムが持っているさまざまな側面のうち，特に状態の遷移をそのシステムの本質として着目し，他の要素を捨象することになる．

次に仕様の記述である．これはシステムが満たしてほしい性質を，やはり形式的に記述することである．この際，仕様は時相論理 (temporal logic) と呼ばれる種類の論理体系を用いて，論理式として記述するのが典型的である．時相論理では,「次の時刻で～が成り立つ」「将来的に～が成り立ち続ける」など，時間に関する記述を用いることが可能となっている．

最後に検証であるが，これは既に与えたモデル化された対象システムと，満たしてほしい仕様とをもとに，システムが仕様を満たすかどうかを，状態空間の網羅的・系統的探索アルゴリズムにより，計算機を用いて自動的に検証する．このように網羅的探索を基本にしているため，モデル検査を行うときには通常は状態空間が有限であるような場合を対象とする．

ここでは特にシステムのモデル化に状態遷移系を拡張して作られる Kripke 構造を，仕様の記述に用いる時相論理として CTL(Computation Tree Logic) を用いるモデル検査について述べることにする．

まず原子命題 (Atomic Proposition) の有限集合 AP を一つ固定する．AP は空集合でないとする．原子命題は各状態においてその真偽が定まる基本的な命題を表すためのもので，具体的なシステムでは例えば「エレベーターが 6 階で停止している」「踏切の遮断機が上がっている最中である」などの性質を表す．原子命題は p, q などの記号で表すこととする．

状態遷移系 $(S, \to)$ に，その各状態で成立する原子命題の集合を表す関数 $I : S \to 2^{AP}$ を付与したものを **Kripke 構造**と呼ぶ．すなわち状態 s において原子命題 p が成り立つことと，$p \in I(s)$ が同値となる．簡単のため，Kripke 構造を扱うときには全域的 (total) な状態遷移系，すなわち，任意の状態 $s \in S$ について，$s \to s'$ となる状態 s' が存在するようなもののみを考えることにする．

状態 s に対し，s から始まる**経路**(path) を，無限列 $s_0, s_1, \ldots$ であって，$s = s_0$ かつ任意の $i \in \mathbb{N}$ に対し $s_i \to s_{i+1}$ を満たすものとする．これを $s = s_0 \to s_1 \to \cdots$ のように表記する．

CTL モデル検査ではそのシステムに関する性質を以下で定められる CTL 論理式で表現する．

$$\varphi ::= p \mid \neg\varphi \mid \varphi \vee \varphi \mid \mathsf{EX}\varphi \mid \mathsf{E}(\varphi\mathsf{U}\varphi) \mid \mathsf{A}(\varphi\mathsf{U}\varphi)$$

「状態 s において CTL 論理式 φ が成り立つ」ということを表す関係 $s \models_{\mathrm{CTL}} \varphi$ を，次のように再帰的に定義する．

- $p \in I(s)$ ならば，$s \models_{\mathrm{CTL}} p$
- $s \models_{\mathrm{CTL}} \varphi$ でないならば，$s \models_{\mathrm{CTL}} \neg\varphi$
- $s \models_{\mathrm{CTL}} \varphi_1$ または $s \models_{\mathrm{CTL}} \varphi_2$ ならば，$s \models_{\mathrm{CTL}} \varphi_1 \vee \varphi_2$
- $s \to s'$ かつ $s' \models_{\mathrm{CTL}} \varphi$ となる s' が存在すれば，$s \models_{\mathrm{CTL}} \mathsf{EX}\varphi$
- s から始まるある経路 $s = s_0 \to s_1 \to \cdots$ が存在し，ある $k \in \mathbb{N}$ が存在して $s_k \models_{\mathrm{CTL}} \varphi_2$ かつすべての $i = 0, \ldots, k-1$ に対して $s_i \models_{\mathrm{CTL}} \varphi_1$ が成立するならば，$s \models_{\mathrm{CTL}} \mathsf{E}(\varphi_1\mathsf{U}\varphi_2)$
- s から始まる任意の経路 $s = s_0 \to s_1 \to \cdots$ に対し，ある $k \in \mathbb{N}$ が存在して $s_k \models_{\mathrm{CTL}} \varphi_2$ かつすべての $i = 0, \ldots, k-1$ に対して $s_i \models_{\mathrm{CTL}} \varphi_1$ が成立するならば，$s \models_{\mathrm{CTL}} \mathsf{A}(\varphi_1\mathsf{U}\varphi_2)$

E や A は経路限量子 (path quantifier) と呼ばれ，それぞれ「その状態から始まるある経路 (Exists) について」「その状態から始まるすべての経路 (All) について」ということを表す．一方，X や U は時相演算子 (temporal operator) と呼ばれ，それぞれ「経路上の次の状態 (neXt) で成り立つ」「経路上で性質 2 が成り立つ状態があり，それまでは性質 1 が成り立ち続ける (Until)」といった，特定の経路に関する性質を表す．時相演算子が必ず経路限量子を伴った形で現れることが CTL の特徴である．

さらにいくつかの論理演算子を定義して用いることもある．直感的な意味とともに以下に挙げる．

- $\top \equiv p \vee \neg p$ ただし p は適当な原子命題
  $\top$ は任意の状態で成り立つ論理式である．
- $\varphi_1 \wedge \varphi_2 \equiv \neg(\neg\varphi_1 \vee \neg\varphi_2)$
  「かつ」を表す．

- $\mathsf{AX}\varphi \equiv \neg\mathsf{EX}\neg\varphi$
  次の状態（いくつかあるかもしれない）のすべてで φ が成り立つことを表す.
- $\mathsf{EF}\varphi \equiv \mathsf{E}(\top\mathsf{U}\varphi)$
  将来的に φ が成り立つ状態に辿りつくような経路が存在することを表す.
- $\mathsf{AF}\varphi \equiv \mathsf{A}(\top\mathsf{U}\varphi)$
  どのような経路を辿っても将来的に φ が成り立つことを表す.
- $\mathsf{EG}\varphi \equiv \neg(\mathsf{AF}\neg\varphi)$
  φ が成り立ち続ける経路が存在することを表す.
- $\mathsf{AG}\varphi \equiv \neg(\mathsf{EF}\neg\varphi)$
  どのような経路でも φ が成り立ち続けることを表す.

F や G は時相演算子であり，それぞれ「経路上でいつか必ず成り立つ (Finally)」「経路上のすべての状態で成り立つ (Globally)」ということを表す．やはり経路限量子を必ず伴った形で現れていることに気づくであろう.

既に述べたように，モデル検査における検証は，状態空間の網羅的・系統的探索に基づいている．モデル検査の目的は，システムを記述する Kripke 構造 $(S, \to, I)$ と，示したい性質を表す論理式 φ が与えられたとき，その Kripke 構造のもとで $s \models_{\mathrm{CTL}} \varphi$ を満たすような状態 s を網羅することである.

以下に，CTL モデル検査のアルゴリズムがどのように進むかを複雑にならない程度に述べる．このアルゴリズムの基本構造は，与えられた CTL 論理式 φ の部分論理式，すなわち φ の一部となっているような論理式すべてについて，それを満たすような状態全体の集合を再帰的に求めていくというものである.

CTL 論理式の最も基本的な構成要素は原子命題 p であるが，これを満たす状態全体の集合は $\{s \in S \mid p \in I(s)\}$ として求めることができる．次に $\mathsf{EX}\varphi$ についてであるが，アルゴリズムの基本的な構造から，$S' = \{s \in S \mid s \models_{\mathrm{CTL}} \varphi\}$ については既に求まっている．$\mathsf{EX}\varphi$ は次の状態のどれかで φ を満たす，ということであったから，遷移先が S' の要素となっているような状態すべてを数えあげればよい．いま，考えている状態空間は有限であるから，このような操作は必ず有限時間内に終了する.

$\mathsf{E}(\varphi_1 \mathsf{U} \varphi_2)$ になるとグラフに関するアルゴリズムが多少絡んでくる．EX の場合と同様，やはり $S_i = \{s \in S \mid s \models_{\mathrm{CTL}} \varphi_i\}$ $(i = 1, 2)$ については既に求まっている．S_2 を S' の初期値とし，S_1 に属すような状態のうちで S' のいずれかの状態に遷移できるような状態を S' に加えるという操作を S' が変化しなくなるまで繰り返していけば，最終的に求まる状態の集合 S' が $\mathsf{E}(\varphi_1 \mathsf{U} \varphi_2)$ を満たす状態全体となる．

2.1.3　双模倣性とモデル検査

§2.1.1.3 で述べた双模倣はラベル付き状態遷移系におけるものであったが，Kripke 構造 $(S, \rightarrow, I)$ に関しても双模倣を定義することができる．状態間の関係 R が双模倣であるとは，以下の条件をすべて満たすことである．

- sRt ならば，$I(s) = I(t)$
- sRt かつ $s \rightarrow s'$ ならば，ある t' が存在して $t \rightarrow t'$ かつ $s'Rt'$
- sRt かつ $t \rightarrow t'$ ならば，ある s' が存在して $s \rightarrow s'$ かつ $s'Rt'$

ラベル付き状態遷移系のときと同様，ある双模倣 R が存在して，sRt が成り立つとき，s と t は双模倣的，あるいは s は t に双模倣的であるといい，$s \underline{\leftrightarrow} t$ と書く．複数の Kripke 構造の状態間における双模倣関係もラベル付き状態遷移系のときと同様に定義される．

実は s で成り立つ CTL 論理式全体の集合 $\{\varphi \mid s \models_{\mathrm{CTL}} \varphi\}$ と t で成り立つ CTL 論理式全体の集合 $\{\varphi \mid t \models_{\mathrm{CTL}} \varphi\}$ とが一致することが，状態 s と t が双模倣的であることと同値となる．したがって，ある初期状態付きの Kripke 構造 $(S, \rightarrow, I, s_0)$ と，それと双模倣的であることがわかっている別の Kripke 構造 $(S', \rightarrow', I', s_0')$ があったとき，状態 s_0 で CTL 論理式 φ が成り立つかどうかを検査するかわりに，s_0' で φ が成り立つかどうかを検査してもよいことになる．後者の Kripke 構造のほうがある意味で簡単になっていれば（例えば状態数が少ないなど），モデル検査をより効率的に行う手段の一つとして使うことができる．

2.2 マルチセット書き換え系

§1.1.2.1 で述べたように，**マルチセット**（あるいは**多重集合**）とは，集合に多重度を加えたものである.「もの（要素）の集まり」を表現するという点において両者は類似しているが，集合では要素が「ある」か「ない」かが興味の対象であるのに対し，マルチセットにおいてはものが何個あるのかも興味の対象になる．集合の場合と同様に，要素を列挙することによって具体的なマルチセットを表すことにすると，例えば，$\{a,a,b\}$ と $\{a,b\}$ は集合においては同じものを表すが，マルチセットにおいては違うものを表す．しかし，列挙する順番は関係ないので，$\{a,a,b\}$ と $\{a,b,a\}$ は，集合においても等しいし，マルチセットにおいても等しい.

上にマルチセットは集合に多重度を加えたものと述べた．実際，マルチセット M は，それに現れる要素の集合 A と，その要素が M 中に何回現れるかを表す関数 $m : A \to \mathbb{N}_+$ との組 (A,m) として定義される．マルチセット $M=(A,m)$ と $a \in A$ に対して，$m(a)$ のことを M における a の**多重度**という．また，$a \notin A$ に対しても a の多重度を考え，それは 0 であると定める．$M=(A,m)$ に対し，A を M の台集合という．また，$a \in A$ のとき a は M の要素であるといい，単に $a \in M$ と書く.

（例） マルチセット $\{a,a,b\}$ は $(\{a,b\},m)$ で表される．ただし，$\{a,b\}$ は集合を表しており，さらに $m(a)=2$ かつ $m(b)=1$ である.

二つのマルチセットの多重度を足し合わせる演算を $\uplus$ で書く．すなわち，

$$
\begin{aligned}
&(A_1,m_1)\uplus(A_2,m_2)=(A,m)\\
\iff&\left[\begin{array}{l}
A=A_1\cup A_2\text{かつ}\\
m(a)=\begin{cases}
m_1(a) & a\in A_1\setminus A_2\text{のとき}\\
m_2(a) & a\in A_2\setminus A_1\text{のとき}\\
m_1(a)+m_2(a) & a\in A_1\cap A_2\text{のとき}
\end{cases}
\end{array}\right]
\end{aligned}
$$

である．例えば，$\{a,a,c\}\uplus\{b,c\}=\{a,a,b,c,c\}$ となる.

マルチセット間の包含関係 $\subseteq$ は

$$M \subseteq N \iff \text{あるマルチセット}\ L\ \text{が存在して}\ M \uplus L = N$$

と定義される．すなわち，各要素について N のほうが M と同じかより多くの多重度を持っているということである．

2.2.1　マルチセット書き換え規則

L, R をマルチセットとするとき，それを $L \to R$ のように並べて書いたものを**マルチセット書き換え規則**と呼ぶ．以下，誤解の恐れのないときは，単に書き換え規則あるいは規則ということがある．書き換え規則にラベル l を付加して $l : L \to R$ のように書くこともある．

マルチセット書き換え系とは，マルチセット書き換え規則の有限集合である．書き換え規則の集合 $\mathcal{R}$ によるマルチセットの書き換えは次のように行う．

$$\begin{aligned} & M \overset{l}{\Rightarrow} N \\ \iff\ & \mathcal{R}\ \text{中の書き換え規則}\ l : L \to R\ \text{とマルチセット}\ P\ \text{が存在し，} \\ & M = P \uplus L\ \text{かつ}\ N = P \uplus R \end{aligned}$$

直感的には，$M \overset{l}{\Rightarrow} N$ が成り立つとは，適当な書き換え規則 $l : L \to R$ に対して，$L \subseteq M$ が成り立ち，かつ M のうちの L を R で置き換えたのが N になっているということである．

(例) $\{a, a, b\} \to \{c, c\}$ はマルチセット書き換え規則である．a, b, c がそれぞれ水素分子，酸素分子，水分子を表していると考えると，これはその規則を持つマルチセット書き換え系において，化学反応式 $2H_2 + O_2 \to 2H_2O$ を表しているとみなすことができる．

マルチセット書き換え系は，状態をマルチセット，遷移を書き換え規則による書き換え，ラベルを書き換えに使用した規則のラベルとして，ラベル付き状態遷移系をなす．

マルチセット書き換え系に関する性質やその解析は，次節で述べるペトリネットに関するものがそのまま適用されるため，そちらに譲る．

2.2.2 ガンマ

マルチセットを基礎として数多くの計算モデルが提案され，マルチセットを操作するプログラミング言語も設計され実装されてきたが，その中でも，第4章で紹介する化学抽象機械のもとになったガンマ (Gamma) と呼ばれる計算モデル・プログラミング言語は重要である [16].

ガンマのプログラムは,（反応条件，アクション）という形の組が集まったものである．ここでアクションとはマルチセットの書き換え規則に他ならない．反応条件はアクションが適用される局所的な条件を示している．例えば,

$$max\ :\ x, y \rightarrow y \quad \Leftarrow x \leq y$$

という一つの組から成るプログラムを考えよう [16]．このプログラムは数のマルチセットに適用され，$x \leq y$ という条件が成り立つときに x, y を y に書き換える．

書き換え規則はマルチセットの要素に対して可能な限り並列に適用され，それ以上書き換え規則が適用できなくなった時点でプログラムが終了する．よって，上の例では最終的に元のマルチセットの要素のうち，最大のものが残る．

次の例として，以下の二つの書き換え規則を考えよう [16].

$$init : x \rightarrow (1, x) \quad \Leftarrow integer(x)$$

$$match : (i, x), (j, y) \rightarrow (i, x), (i+1, y) \quad \Leftarrow (x \leq y\ and\ i = j)$$

整数のマルチセットが与えられたときに，最初の書き換え規則 *init* によって，マルチセットの各要素にインデックス1が付加される．$integer(x)$ は，x が（インデックスがまだついていない）整数であるという条件を表している．次の書き換え規則 *match* は，同じインデックスがついた整数が二つあったときに，大きいほうの整数のインデックスを1増やす，という規則である．この規則を繰り返し適用することにより，大きい数のインデックスは次第に大きくなっていって，最終的に，マルチセットの各要素に小さい順に従ったインデックスがつくことになる．すなわち，以上の書き換え規則によって整数のマルチセットのソーティングを行うことができる．

さて，以上の説明によると，規則 *init* を適用できる限り適用して，その結果得られたマルチセットに対して，規則 *match* を（繰り返しできる限り）適用するのが自然であろう．ところが，この例の場合，*init* と *match* は同時に適用してもかまわない．すなわち，二つの規則から成るプログラムを考えて，二つの規則を並列に適用することを繰り返しても，ソーティングを行うことができる．

一般に，ガンマのプログラムは，反応条件がついた書き換え規則を，並列合成 (parallel composition) と逐次合成 (sequential composition) によって組み合わせることにより得られる．できる限り並列合成によって組み合わせたほうが，プログラムの並列度が向上して計算が速くなることが期待される．なお，もともとのマルチセット書き換え系とは，並列合成のみによって書き換え規則が組み合わさったものということができる．

以上に述べた基本的なガンマに対して，さまざまな拡張が提案され実装もされている．その一つとして，マルチセットと書き換え規則が階層化された状況 (configuration) というものを考える高階ガンマ (higher-order Gamma) がある．特に，マルチセットの階層化は第 4 章の化学抽象機械に至っているので，そこで詳しく説明することとする．

2.2.3　書き換え論理

書き換え論理 (rewriting logic) も，本質的にはマルチセット書き換え系の一種である [18]．もともと，書き換え論理は，さまざまな論理体系を記述するための枠組として提案された．そのために「論理」という名前がつけられている．マルチセット書き換え系の一種と述べたが，より一般的な代数系を扱うことが可能な枠組であり，特に結合的かつ可換な演算子を単位元とともに導入することができるため，マルチセットを扱うことも可能となっている．実際に，マルチセットの合併の演算子 $\uplus$ は，結合的かつ可換であり，空集合 $\emptyset$ を単位元としている．

ただし，マルチセットを用いて複雑な状態遷移系を記述することは，書き換え論理の一般的な方針であり，特に多数のプロセスがメッセージを交換しながら状態遷移する並行計算系を，プロセスとメッセージのマルチセットとして表現することは，書き換え論理が提案された当初から行われている．書き換え論理では，マルチセット以外の代数系を記述することもできるので，複雑な構造を持ったプロセスやメッセージを定義することも可能である．

書き換え論理の実行系としては，Maude と呼ばれる処理系がよく用いられている．また，書き換え論理によって生物系を記述する試みも行われている．

2.2.4 抽象化学

人工生命 (aritificial life) は，コンピュータによるシミュレーションを中心にして，現実の生命に限定せずに，生命のさまざまな可能性を探求する学問である．現実の生命現象は化学反応に還元されるが，特に生命進化の過程も，長い年月にわたる化学反応から成り立っている．太古の地球上における化学反応が積み重なって最初の生命が出現した．このような化学反応による進化の過程を，抽象的なモデルを設定して，コンピュータによるシミュレーションを行うことにより探求しようとする研究分野が，抽象化学 (artificial chemistry) である [17]．したがって，抽象化学は人工生命の一分野と考えられる．

抽象化学の分野自体も非常に幅広く，多彩な研究から成り立っている．現実の生命系をモデル化しようという方向の研究もあるが，現実の生命系とは全く関係のない数学的なモデルを設定して，その計算能力を解析したり，最適化問題に応用しようとする試みもある．

抽象化学における個々の具体的なモデルも，マルチセット書き換え系とみなすことができる．例えば，Fontana が提案した AlChemy という抽象化学系は，ラムダ計算 (lambda-calculus) の正規形 (normal form) を要素とするマルチセット書き換え系である．詳細は省略するが，

$$s_1 + s_2 \quad \longrightarrow \quad s_1 + s_2 + \mathit{normalForm}((s_1)s_2)$$

という書き換え規則によって，正規形のマルチセットを書き換える．$\mathit{normalForm}((s_1)s_2)$ は，正規形 s_1 を正規形 s_2 に適用した後に正規化した結果を表している．

この他，自然数のマルチセットの書き換え系や，ビット列のマルチセットの書き換え系など，実にさまざまな種類の抽象化学系が提案され解析されている．特に，コンピュータによるシミュレーションを用いて，生命の進化に相当するような現象を観察することが一つの目標となっている．

一方，現実の生命系の大まかな振舞いを捉えるために，抽象化学系を用いる試みも行われている．その一つが，鈴木らの ARMS(Abstract Rewriting System on Multisets)[19] である．

鈴木らはマルチセットがベクトルであることを用いて化学系の解析を行っている．例えば，$2H_2+O_2 \rightarrow 2H_2O$ は，H_2 が 2 分子，O_2 が 1 分子減少し，H_2O 分子が 2 増加する．よってこの反応式は $(H_2, O_2, H_2O) = (-2, -1, 2)$ となる．この反応式を $(3H_2, 2O_2, H_2O)$ に適応すると，$(3, 2, 1)+(-2, -1, 2) = (1, 1, 3) = (H_2, O_2, 3H_2O)$ となる．分子数が十分に多く反応中に分子数が 0 にならないという条件の下では，反応規則のベクトルが一次従属性を有する場合, BZ 反応のような化学振動が生ずる可能性がある．例えば，$a, b \rightarrow c, d\ (r_1), c, d \rightarrow a, b\ (r_2)$ は一次従属なベクトル $(-1, -1, 1, 1) : r_1, (1, 1, -1, -1) : r_2$ となる．r_1, r_2 の適用回数をそれぞれ n, m とすると，$n = m$ のとき，

$$(a, b, c, d) + nr_1 + mr_2 = (a, b, c, d)$$

となり溶液 (a, b, c, d) からはじまった反応は，ふたたび (a, b, c, d) に戻り化学振動が生じる．一方，反応規則が一次独立性を有する（どのようにベクトルを足し合わせても 0 にならない）場合は化学振動は生じない．しかし，例えば反応規則 $(a, b, c) \equiv (3, -1, 1), (5, 1, -1)$ は分子種 a, b, c での化学振動は生じないが，b, c では化学振動が生じる可能性がある．反応規則の一次独立性は化学振動の有無を示唆するが，この例のように一次従属性をもつ反応規則の部分空間の存在は振動のモードの存在を示し，一次独立性をもつ反応系がどの程度，部分空間に振動のモードを持つか調べることができる．

ARMS では反応規則の適用方法は §3.2.2 で述べる Gillespie のアルゴリズムと同等で確率的であるが，反応の時間間隔は等間隔とすることで計算を簡便化している．例えば，$a, b \rightarrow c, d\ (r_1), c, d \rightarrow a, b\ (r_2)$ の場合に規則 r_1 の適用確率 P_{r_1} は，反応速度定数を k_1，$[a], [b]$ を分子種 a, b の数とすると，

$$P_{r_1} = \frac{[a][b]}{[a][b] + [c][d]} \times k_1$$

となる．

ARMS はマスター方程式の離散表現とみなすことができ，分子数が十分に多

い連続近似可能な条件下では，ARMS から常微分方程式による決定論的な反応速度式が導かれる [20]．一方，分子数が少数で連続近似が行えない場合については，そのままシミュレーションにより挙動を調べることが可能である．

2.3 ペトリネット

ペトリネット (Petri Net) $N = (P, T, F, W)$ は以下の四つ組で表される．

- P はプレースの有限集合
- T はトランジションの有限集合
- $F \subseteq (P \times T) \cup (T \times P)$ はフロー関係
- $W : F \to \mathbb{N}_+$ は重みづけ関数

ペトリネットは有向辺に正整数の重みがついた有向 2 部グラフである．有向 2 部グラフの点はプレースの集合 P とトランジションの集合 T からなり，図示する際にはプレースは丸で，トランジションは箱で表す．プレース p からトランジション t への辺 $(p, t) \in F$（あるいはトランジション t' からプレース p' への辺 $(t', p') \in F$）には正整数の重み $W(p, t)$（あるいは $W(t', p')$）が結びつけられている．重みが 1 の場合は，図示する際には省略することがある．

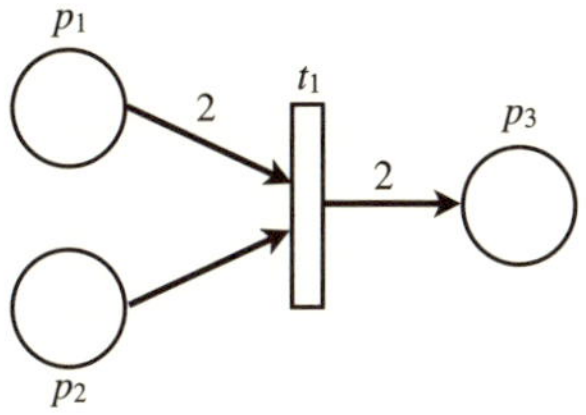

図 2.3 ペトリネット

（例）図 2.3 のペトリネット $N = (P, T, F, W)$ は，$P = \{p_1, p_2, p_3\}, T = \{t_1\}$, $F = \{(p_1, t_1), (p_2, t_1), (t_1, p_3)\}$, $W(p_1, t_1) = 2$, $W(p_2, t_1) = 1$, $W(t_1, p_3) = 2$ によって与えられる．

ペトリネットを状態遷移系として捉えるとき，状態は**マーキング**$M : P \to \mathbb{N}$ で表される．マーキングは各プレースにおける**トークン**と呼ばれるものの数を表している．プレースに割り当てられたトークンを図示する際には，そのプレースを表す丸の中に，中を塗り潰した小さな点をトークンの個数だけ書くことで表す．初期マーキング M_0 を付加したペトリネット (N, M_0) を考えることもある．

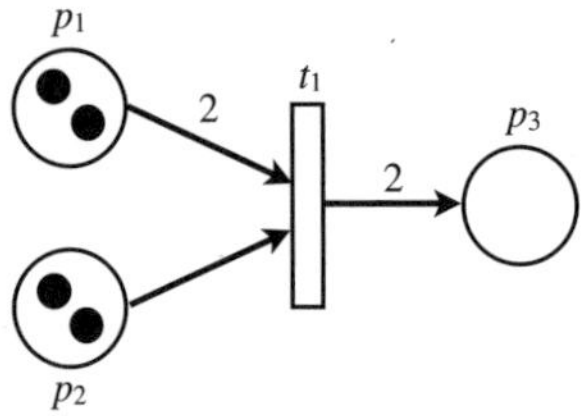

図 **2.4**　マーキングつきペトリネット

（例）図 2.4 は図 2.3 のペトリネットに，$M(p_1) = M(p_2) = 2$, $M(p_3) = 0$ で与えられるマーキング M を付け加えたものである．

以下のように，各トランジションに対し，その入力プレース・出力プレースの集合を，また各プレースに対し，その入力トランジション・出力トランジションの集合を定義する．

- $t \in T$ に対し，入力プレースの集合 $\bullet t = \{p \in P \mid (p, t) \in F\}$
- $t \in T$ に対し，出力プレースの集合 $t\bullet = \{p \in P \mid (t, p) \in F\}$
- $p \in P$ に対し，入力トランジションの集合 $\bullet p = \{t \in T \mid (t, p) \in F\}$
- $p \in P$ に対し，出力トランジションの集合 $p\bullet = \{t \in T \mid (p, t) \in F\}$

（例）図 2.3 の例においては $\bullet t_1 = \{p_1, p_2\}, t_1\bullet = \{p_3\}, \bullet p_1 = \bullet p_2 = p_3\bullet = \emptyset$, $p_1\bullet = p_2\bullet = \bullet p_3 = \{t_1\}$ である．

以下に述べる**トランジション発火規則**により，ペトリネットにおける遷移が定まる．マーキング M においてトランジション $t \in T$ が**発火可能**であるとは，以下の条件を満たすことである．

> t のすべての入力プレース $p \in \bullet t$ に対し，$M(p) \geq W(p, t)$ が成り立つ．

トランジション t が発火すると，t の各入力プレース p から重み $W(p,t)$ に対応した数のトークンが取り除かれ，t の各出力プレース p に重み $W(t,p)$ に対応した数のトークンが追加される．すなわち，マーキング M において発火可能なトランジション t が発火して得られるマーキング M' は，以下のように定義される．

- $p \in \bullet t \cap t\bullet$ に対し，$M'(p) = M(p) - W(p,t) + W(t,p)$
- $p \in \bullet t \setminus t\bullet$ に対し，$M'(p) = M(p) - W(p,t)$
- $p \in t\bullet \setminus \bullet t$ に対し，$M'(p) = M(p) + W(t,p)$
- $p \notin \bullet t \cup t\bullet$ に対し，$M'(p) = M(p)$

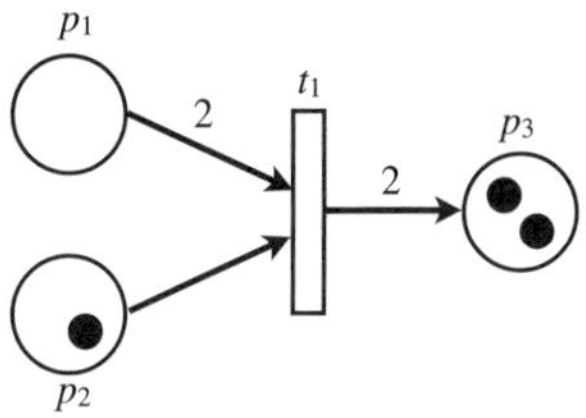

図 2.5　発火後のマーキング

（例）図 2.4 に示されるマーキング M において，トランジション t_1 は発火可能であり，発火後には図 2.5 で示されるマーキング M' が得られる．

トランジションの発火は非決定的に起こる．すなわち，一般にはあるマーキングにおいて発火可能なトランジションは複数存在しうる．システムの挙動としてはどの発火可能なトランジションが発火することもありうると考える．また，あるマーキング M においてトランジション t_1, t_2 の両方が発火可能であったとしても，一度に発火するのはどちらか一方である．場合によっては，M で t_1 が発火したことにより，その後得られるマーキング M' において，もはや t_2 が発火可能でなくなるということもありうる．

2.3.1　発火の例

複数のトランジションを持つペトリネットにおける発火の様子を見てみよう．

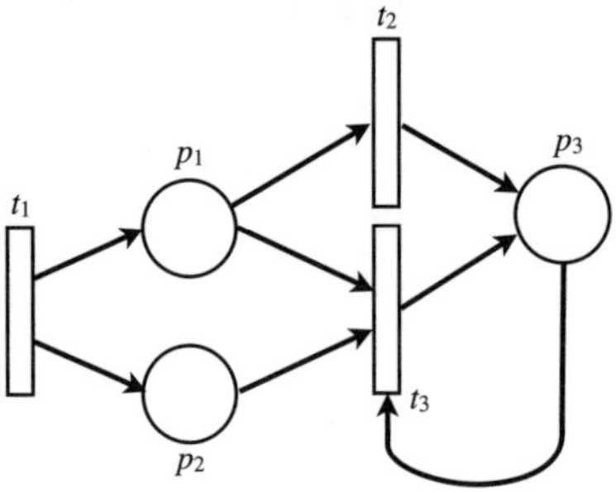

上記のマーキングではすべてのプレースのトークンが 0 個である．このような場合，入力プレースを持たないトランジション，すなわち，t_1 のみが発火可能となる．なお，入力プレースを持たないトランジションのことを**ソーストランジション**といい，出力プレースを持たないトランジションのことを**シンクトランジション**という．

t_1 が発火すると以下のようなマーキングが得られる．

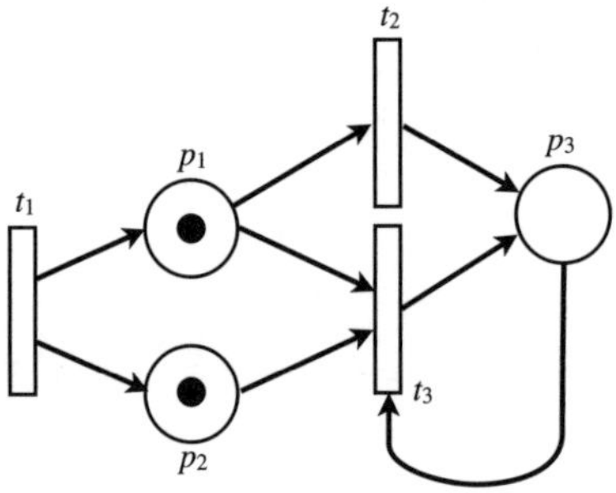

このとき，発火可能なトランジションは t_1, t_2 となる．ソーストランジションである t_1 はいつでも発火可能である．

さらにここから t_2 が発火した後のマーキングを考える．

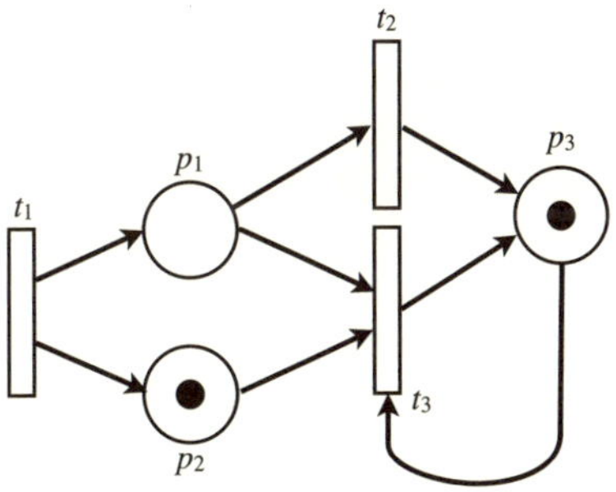

ここでは t_1 のみが発火可能である．

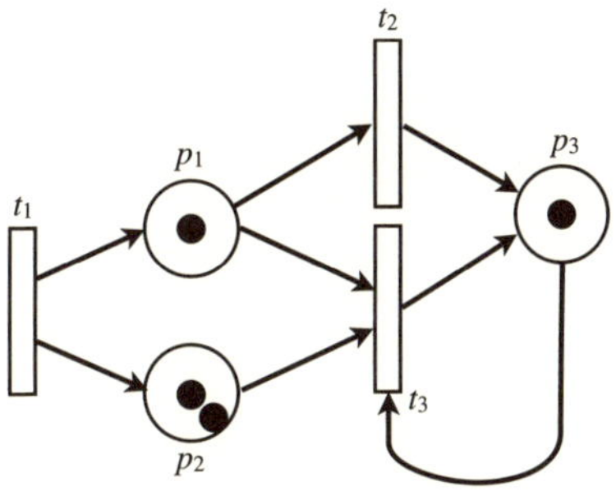

t_1 が発火すると上のようなマーキングが得られる．ここでは t_1, t_2, t_3 のいずれのトランジションも発火可能である．

t_3 が発火すると以下のようになる．

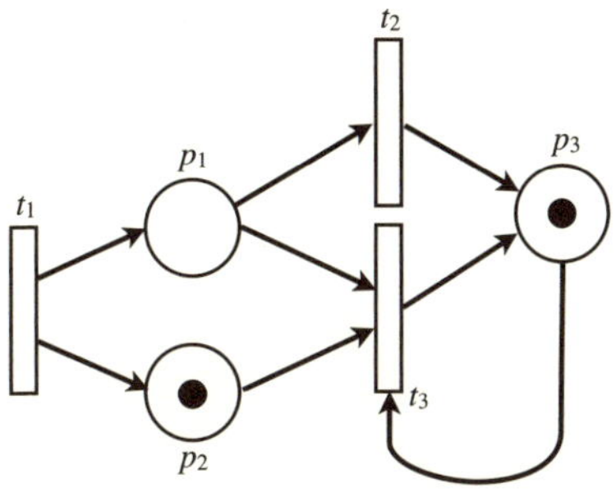

2.3.2　有限容量ネットと補プレース変換

これまで述べたペトリネットでは各プレースに保持できるトークンの数に上限がなかった．しかし，実際のシステムをモデル化する際，各プレースに対してある容量以上のトークンを保持できないという制限を設けたいことがあるかもしれない．そのような場合，各プレース p に容量 $K(p)$ を付加した**有限容量ネット**を考えることがある．

有限容量ネットにおけるトランジション発火規則（**強トランジション規則**と呼ぶ）は，次のように定義される．「マーキング M においてトランジション t が発火可能である」とは，

- 任意の $p \in \bullet t$ に対し，$M(p) \geq W(p,t)$
- 任意の $p \in t\bullet$ に対し，$M(p) \leq K(p) - W(t,p)$

の両方が満たされることである．前者の条件は通常のトランジション発火規則（**弱トランジション規則**ともいう）における発火可能条件と同一である．初期マーキングを考える際は，初期マーキングにおいても容量制約 $M(p) \leq K(p)$ が満たされていなければならない．

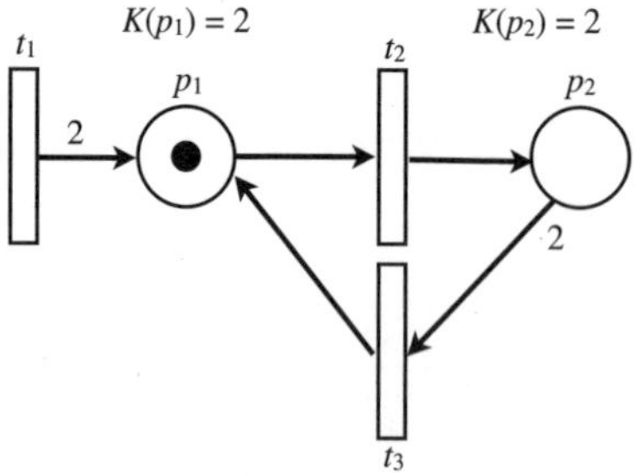

図 2.6　有限容量ネット

（例）図 2.6 は有限容量ネットの例である．容量制約を無視すれば（すなわち弱トランジション規則を適用すれば）t_1, t_2 の両方が発火可能であるが，強トランジション規則を適用した場合は t_2 のみが発火可能となる．このように，強

トランジション規則を用いる有限容量ネットにおいては，ソーストランジションであっても必ずしも発火可能であるとは限らない．

以下の**補プレース変換**と呼ばれる変換を用いて，有限容量ネット (N, M_0) から，それと等価なペトリネット (N', M_0') を作ることができる．ただし，$N = (P, T, F, W, K)$ のとき $N' = (P', T, F', W')$ とし，P', F', W', M_0' は以下によって定める．

- $P = \{p_1, \ldots, p_n\}$ のとき，$P' = \{p_1, \ldots, p_n\} \cup \{p_1', \ldots, p_n'\}$ とする．すなわち，各プレース p_i に対し，それに対応する**補プレース**p_i' を考える．
- $p_i \in P$ について $M_0'(p_i) = M_0(p_i)$ および $p_i' \in P' \setminus P$ について $M_0'(p_i') = K(p_i) - M_0(p_i)$ とする．
- $F' = F \cup \{(t, p_i') \mid (p_i, t) \in F\} \cup \{(p_i', t) \mid (t, p_i) \in F\}$
- 各 $t \in T$ に対し，$p_i \in P$ について $W'(t, p_i) = W(t, p_i)$ かつ $W'(p_i, t) = W(p_i, t)$ とし，さらに $p_i' \in P' \setminus P$ について $W'(t, p_i') = W(p_i, t)$ かつ $W'(t, p_i') = W(p_i, t)$ とする．

補プレース p_i' におけるトークンの数は，補プレース変換前の対応するプレース p_i において，保持できるトークンの数にあとどれだけ余裕があるかを表している．

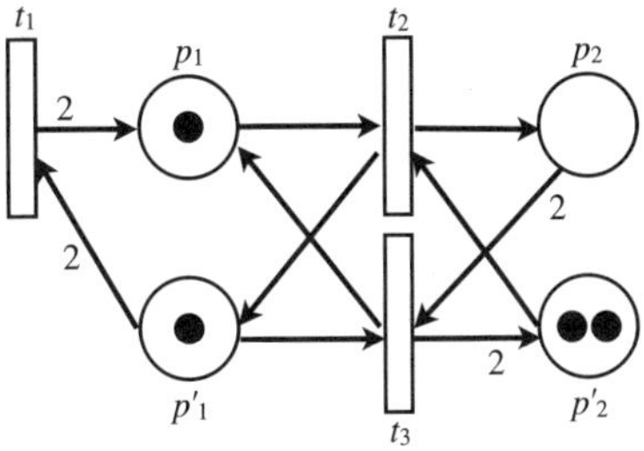

図 2.7 補プレース変換によって得られる無限容量ネット

(例) 図 2.7 は，図 2.6 の有限容量ネットから，補プレース変換によって得られる無限容量ネットである．t_1 が発火可能でないことは，補プレース変換後に t_1 がソーストランジションではなくなり，かつ入力プレースに十分な数のトークンがないことからもわかる．

N を有限容量ネット，M をそのマーキングとする．(N, M) を補プレース変換したものを (N', M') とするとき，N のトランジション t（これは N' のトランジションでもある）に対し，以下が成り立つ．

1. (N, M) で t が発火可能でないならば，(N', M') においても t は発火可能でない．
2. (N, M) において t が発火可能であり，発火によって得られるマーキングを M_1 とするとき，(N', M') においても t は発火可能であり，発火によって得られるマーキングは (N, M_1) を補プレース変換して得られるマーキングに等しい．

既に述べたように，ペトリネットはマーキングを状態，トランジションの発火を遷移関係とする状態遷移系と見ることができる．上の性質から，(N, M) について M を初期状態とし，M から到達可能な状態のみから作られる状態遷移系と，(N', M') について同様に構成される状態遷移系とは同型になる．このことから，以降は弱トランジション規則を用いる無限容量ネットのみを扱う．

注意：以下の有限容量ネットとマーキング M において，トランジション t は発火可能でない．

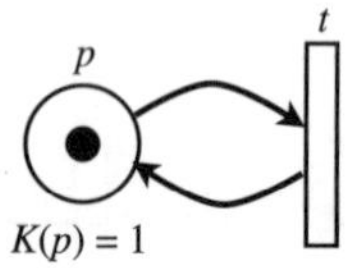

弱トランジション規則を用いて発火させた後のマーキング M' を考えると，$M'(p) = 1 \leq K(p)$ と容量制約を満たしてはいるが，強トランジション規則における発火可能条件の二つ目である $M(p) \leq K(p) - W(t, p)$ は成り立たない．実際，上の有限容量ネットを補プレース変換すると，

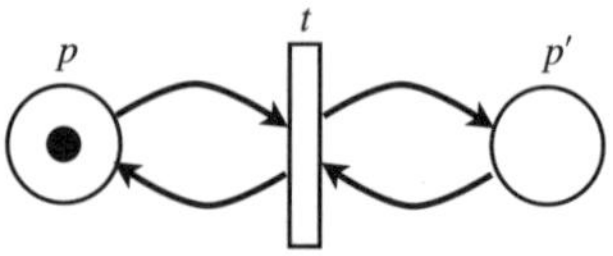

となり，確かに発火可能でないことがわかる．

2.3.3 到達可能性（可達性）

ペトリネットはマーキングを状態，トランジションの発火を遷移として，状態遷移系と捉えることができる．よってペトリネットに対しても自然に到達可能性（あるいは可達性）を定義することができる．マーキング M からマーキング M' に到達可能であるとは，

- あるトランジションの列 $t_1, t_2, \ldots, t_n \, (n \in \mathbb{N})$ とマーキングの列 $M_0, M_1, \ldots, M_n$ が存在し，
- 各 $i = 0, \ldots, n-1$ について，M_i においてトランジション t_{i+1} が発火可能で，その発火によって得られるマーキングが M_{i+1} であり，
- $M = M_0$ かつ $M' = M_n$ である．

ということである．上のような発火の様子を $\sigma = M_0 t_1 M_1 t_2 \cdots t_n M_n$ あるいは $\sigma = t_1 t_2 \cdots t_n$ のような**発火系列** で表すことがある．マーキング M から始まる発火系列 σ によってマーキング M' に到達可能なとき，$M[\sigma\rangle M'$ と書く．

ペトリネット N において，M から到達可能なマーキング全体の集合を $R(N, M)$ あるいは単に $R(M)$ と書く．また，M から始まる発火系列全体の集合を $L(N, M)$ あるいは単に $L(M)$ と書く．

2.3.4 被覆木と被覆グラフ

次のような木構造を考える．まず木のノードにはマーキングが，枝にはトランジションがラベルとして結びつけられており，特に木の根には初期マーキング M_0 が結びつけられている．各ノードからは対応するマーキングから発火可能な各トランジションに対応する枝が出ており，その先にある子のマーキングは，親のマーキングからそのトランジションの発火によって得られるものである．このような木において，M_0 から始まる発火系列全体の集合 $L(N, M_0)$ は，根からの経路（途中のノードで終わってもよい）に対し，ノードと枝のラベル列を順に並べたもの全体に一致する．

（例） 図 2.8 は，§2.3.1 で挙げたペトリネットに対して上記の木構造の一部を

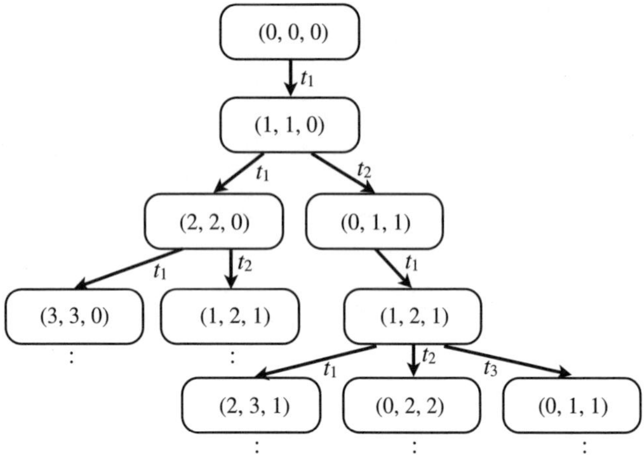

図 2.8　§2.3.1 のペトリネットから作られる木

示したものである．ただし，マーキング M は各プレースにおけるトークンの数を行ベクトル $(M(p_1), M(p_2), M(p_3))$ の形で表現している．§2.3.1 で追った発火系列は，根から始めて，各ノードにおいて最も右側にある枝を辿った場合の経路（すなわち，$t_1t_2t_1t_3$）に対応する．

上記の木は発火系列を過不足なく表現しているものの，一般には有限とならないため，解析に用いるのは不向きである．そこで，次のような**被覆木**を考える．

まず，被覆木のノードに結びつけるマーキングとして，各プレース p のトークンの個数に「無限」を表す ω を許すことにする．すなわち，被覆木のノードのラベルに現れるマーキング M においては，$M(p) \in \mathbb{N} \cup \{\omega\}$ である．以下，マーキングの操作においては任意の自然数 n に対して $n < \omega, \omega \pm n = \omega, \omega \leq \omega$ と定める．

ペトリネット (N, M_0) の被覆木は次のようなアルゴリズムで作られる．

1. 未処理のノードの集合 S を用意する．初期状態では S は根のみであり，根にはマーキング M_0 が結びつけられている．
2. S が空でない間，S から適当なノード s を取り出し，ノード s に結びつけられているマーキングを M として，以下を行う．

(a) M と同じものが根から s までの経路で s 以外に存在する場合は何もしない．

(b) そうでない場合は，M から発火可能な各トランジション t に対して以下を行う．

i. M から t の発火によって得られるマーキングを M' とする．

ii. 根から s までの経路（s 自身も含む）に M' によって被覆されるマーキング M''（すなわち任意のプレース p に対して $M''(p) \leq M'(p)$）が存在する場合は，$M''(p) < M'(p)$ となるすべての p に対して $M'(p)$ を ω で置き換えたものを新しく M' とする．

iii. s から t が結びつけられた枝を出し，その先の子として新しいノード s' を作る．s' には M' を結びつける．s' を未処理のノードの集合 S に加える．

ノード s' のマーキング M' で被覆可能なマーキング M'' を持つノード s'' が根から s' までの経路の途中で現れるということは，s' から s'' までの発火系列を M' から始めることができ，さらにそれを何度でも繰り返すことができるということである．このとき，$M''(p) < M'(p)$ となるプレース p についてはトークンの数が際限なく増えることになる．$M'(p)$ を ω で置き換えるのはこのためである．

被覆木では，一般には発火系列に関する情報が落ちているが，かわりに木が有限となり，これによって以下のような性質を用いた解析を行うことができる．

- 被覆性：初期マーキングを持つペトリネット (N, M_0) において，マーキング M が**被覆可能**であるとは，M_0 から到達可能なマーキング $M' \in R(N, M_0)$ で，任意のプレース p に対して $M(p) \leq M'(p)$ を満たすものが存在することである．M が (N, M_0) において被覆可能であることと，(N, M_0) から作られた被覆木中に M を被覆するマーキングを持つノードが存在することは同値となる．
- 有界性：初期マーキング付きのペトリネット (N, M_0) に対し，到達可能なマーキングにおけるトークンの数が有界であるとき，(N, M_0) は有界性を持つという．すなわち，ある上限 k が存在して，任意の到達可能なマーキング $M \in R(N, M_0)$ と任意のプレース $p \in P$ に対し，$M(p) \leq k$ が成り立つということである．

(N, M_0) が有界性を持つことと，(N, M_0) から作られた被覆木が ω を含むノードを持たないことは同値となる．有界性を持つ場合，到達可能なマーキングは被覆木によって過不足なく表現されているため，このような木を**可達木**と呼ぶことがある．

- M が M_0 から到達可能であれば，M を被覆する M' が被覆木の中に存在する．

最後の性質の逆は一般には成り立たない．被覆木中のマーキングに現れる ω はそのプレースのトークンをいくらでも増やすことができるということを表しているだけで，もしかするとそのトークンの個数は偶数値しか取らないかもしれない．また，マーキング中に複数の ω があったときに，対応するプレースの間で取りうるトークンの個数に何らかの関係があるかもしれない．

(例) 図 2.9 は，§2.3.1 で挙げたペトリネットから作成した被覆木である．

被覆グラフとは，被覆木に現れるマーキング全体の集合をノードの集合とするグラフである．被覆グラフでノード M から M' に t が結びつけられた枝があるとき，またそのときに限り，被覆木において M が結びつけられたノード s と M' が結びつけられたノード s' と，s から s' に t が結びつけられた辺が存在

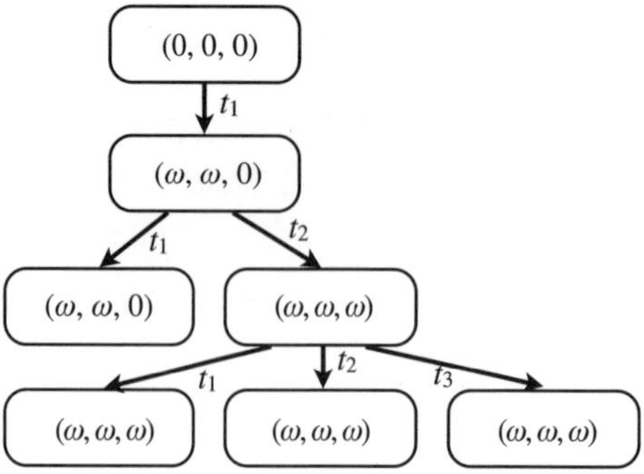

図 **2.9**　**§2.3.1** のペトリネットから作られる被覆木

する．

2.3.5 接続行列と状態方程式

ペトリネットで，すべてのトランジション t において，その入力プレースかつ出力プレースとなっているプレースがない（すなわち，$\bullet t \cap t \bullet = \emptyset$）ものを**純粋**であるという．本項で述べる状態方程式を考えるときは，純粋なペトリネットのみを扱うとする．

$N = (P, T, F, W)$ において，$P = \{p_1, \ldots, p_m\}$, $T = \{t_1, \ldots, t_n\}$ とする．このとき，**接続行列** $A = [a_{ij}]_{i \in \{1,\ldots,n\},\, j \in \{1,\ldots,m\}}$ は，

$$a_{ij} = a_{ij}^{+} - a_{ij}^{-}$$

で定義される．ここで，

$$a_{ij}^{+} = \begin{cases} W(t_i, p_j) & (t_i, p_j) \in F \\ 0 & \text{その他} \end{cases} \quad \text{および} \quad a_{ij}^{-} = \begin{cases} W(p_j, t_i) & (p_j, t_i) \in F \\ 0 & \text{その他} \end{cases}$$

である．また，$A^{+} = [a_{ij}^{+}]$ を**前向き接続行列**，$A^{-} = [a_{ij}^{-}]$ を**後ろ向き接続行列**と定義する．もちろん $A = A^{+} - A^{-}$ である．ペトリネットが純粋であることを仮定しているため，a_{ij}^{+} か a_{ij}^{-} の少なくとも一方は 0 である．

接続行列 A の第 i 行は，トランジション t_i が発火した場合の各トランジションのトークン数の変化を表すベクトルである．一般にマーキングを第 j 成分が p_j のトークン数に対応するような m 次列ベクトル M で表現することにすると，トランジション t_i の発火によって M から M' に変化する様子を表す**状態方程式**は

$$M' = M + A^{\mathrm{T}} u$$

と表される．ここで，A^{T} は A の転置行列であり，u は第 i 成分のみ 1 でそれ以外は 0 であるような列ベクトルである．この発火が可能となる条件は

$$M - \left(A^{-}\right)^{\mathrm{T}} u \geq \mathbf{0}$$

と表される．

以下ではマーキング M を，第 j 成分が $M(p_j)$ であるような m 次元列ベクトルとして扱うことにする．発火系列

$$M_0 t_{i_1} M_1 t_{i_2} \ldots t_{i_d} M_d$$

に対し，**発火ベクトル**u_k $(k = 1, \ldots, d)$ を第 i_k 成分のみが 1 でそれ以外が 0 であるような n 次元列ベクトルと定義する．発火ベクトルの列 $\{u_1, \ldots, u_d\}$ は発火系列を定める．

k 番目の発火による M_k から M_{k+1} の変化の様子は

$$M_{k+1} = M_k + A^{\mathrm{T}} u_k$$

と書けるので，初期マーキングからの変化の様子は

$$M_d = M_0 + A^{\mathrm{T}} \sum_{k=1}^{d} u_k$$

と表される．この式は $\Delta M = M_d - M_0$, $x = \sum_{k=1}^{d} u_k$ とおくと，

$$A^{\mathrm{T}} x = \Delta M \tag{2.1}$$

と書き直せる．

ここで，$x\left(= \sum_{k=1}^{d} u_k\right)$ を**発火回数ベクトル**と呼ぶ．x の第 i 成分は自然数であり，トランジション t_i が合計で何回発火したかを表している．

初期マーキング M_0 と，マーキング M_d が与えられたとき，M_0 から M_d へ到達可能ならば，式 (2.1) が解を持つ（逆は一般には成り立たない）．よって，式 (2.1) の解が存在しないことを示せば，M_d へ到達可能でないことを示したことになる．

2.3.6　ペトリネットとマルチセット書き換え系

マーキング $M : P \to \mathbb{N}$ は，少なくとも 1 個のトークンを持つようなプレース全体の集合 $\{p \in P \mid M(p) > 0\}$ を台集合とするマルチセットと考えることができる．よって，ペトリネットに関する性質やその解析手法は，そのままマルチセット書き換え系に関する性質や解析手法として考えることができる．

2.3.7 ペトリネットのモデル検査

既に述べたように，ペトリネットはマーキングを状態とし，トランジションの発火を遷移とする状態遷移系とみなすことができる．ペトリネットが有界であるとき，到達可能なマーキング全体の集合は有限集合になる．よって，原子命題の有限集合 AP とマーキングから 2^{AP} への写像を与え，要求される仕様を AP を用いた適当な時相論理式で指定すれば，モデル検査を適用することが可能となる．

2.4 確率状態遷移系

状態遷移系においては，ある状態において可能な遷移が複数あった場合，それらの間でどの遷移が起こるかについては対等であった．しかし，実際の化学反応において反応を遷移とみなした場合，起こりうる遷移のうち，起こりやすいものと起こりにくいものとがある．どれが起こりやすいかは，反応に介在する物質の濃度などに依存するであろう．ここでは，そのような状況のモデル化に用いられる道具として，状態遷移が確率的に起こるような確率状態遷移系と，その上のモデル検査について述べる．

2.4.1 確率状態遷移系とは

通常の状態遷移系では，状態遷移は遷移先が複数ありうるという意味で非決定的ではあったが，どの状態に遷移しやすいかといった状況は扱えない．一方，確率状態遷移系においては，状態遷移が確率的な事象として扱われる．ここでは確率状態遷移系の代表的な例として，離散時間マルコフ連鎖および連続時間マルコフ連鎖を挙げる．いずれも，次の状態への遷移確率が現在の状態によってのみ定まる（それより前の状態の履歴によらない）というマルコフ性を持っている．なお，後で述べるモデル検査との関連で，ここで対象とする確率状態遷移系は，状態空間が有限であるものに限るものとする．

離散時間マルコフ連鎖(Discrete-Time Markov Chain) は $(S, \mathbf{P})$ で与えられ

る．ここで，S は状態の有限集合である．$\mathbf{P}: S \times S \to [0,1]$ は推移確率行列 (transition probability matrix) と呼ばれ，$\mathbf{P}(s,s')$ は現在の状態が s であるとき，次の状態として s' に遷移する確率を表す．推移確率行列は任意の $s \in S$ について $\sum_{s' \in S} \mathbf{P}(s,s') = 1$ という条件を満たさなければならない．この条件により，各状態には少なくとも一つ遷移先が存在することが保証される.（遷移先がないような行き止まりの状態を考えたい際は，仮想的にその状態自身を遷移先とする自己ループを加える.）

離散時間マルコフ連鎖における実行過程は，どの状態を経由したかを表す列，すなわち経路によって表現される．状態 s から始まる経路を状態の無限列 $\sigma = s_0, s_1, \ldots$（ただし $s = s_0$）と定め，σ の i 番目の状態，すなわち s_i を $\sigma[i]$ と書くことにする．断りなく「経路」といった場合は無限の経路のことである．また，状態 s から始まる経路全体の集合を $Path(s)$ と書く．さらに，有限の経路 $\sigma' = s_0, s_1, \ldots, s_n$ に対し，それを前半部分に持つような経路全体の集合を $C(\sigma')$ と書く．

後に述べるモデル検査のため，状態 s にいるという条件で，$Path(s)$ の（ある種の）部分集合 Π を事象として，今後その経路のいずれかが選択される確率 $\Pr_s(\Pi)$ を求めたい．Π がもし適当な $\sigma' = s_0, s_1, \ldots, s_n$ を用いて $\Pi = C(\sigma')$ と書けるような場合は，その確率が σ' に含まれる遷移の確率の積 $\mathbf{P}(s_0,s_1) \cdot \mathbf{P}(s_1,s_2) \cdots \mathbf{P}(s_{n-1},s_n)$ で表される．このことは遷移先の選択が現在の状態にのみ依存し，過去の履歴によらないことから明らかであろう．ここでは詳細は省略するが，実は後で必要になる確率は，上記のように制限した Π から定まるもので十分である．

連続時間マルコフ連鎖(Continuous-Time Markov Chain) は $(S, \mathbf{Q})$ で与えられ，やはり S は状態の有限集合である．$\mathbf{Q}: S \times S \to \mathbb{R}_{\geq 0}$ は生成行列 (generator matrix) と呼ばれ，状態 s において微小時間 dt の間に状態 s' への遷移が可能となる確率が $\mathbf{Q}(s,s')dt$ で与えられる．すると，状態 s において時間 t の間に s' への遷移が可能にならない確率は $e^{-\mathbf{Q}(s,s')t}$ となる．

一般には状態 s における遷移先は複数ありうるが，このときは最初に可能となった遷移が採用されるものとする．したがって，$\mathbf{Q}(s,s')$ の値が大きいほど s'

への遷移が選択されやすくなる．独立に指数分布に従う複数の確率変数の最小値は，それらの確率変数のパラメータの和をパラメータとする指数分布に従うことから，$\mathbf{E}(s) = \sum_{s' \in S} \mathbf{Q}(s, s')$ とおくと，状態 s において時間 t の間にいずれの遷移も可能にならない確率は $e^{-\mathbf{E}(s)t}$ となる．さらに，状態 s から何らかの遷移が起こったという条件のもとで，状態 s' に遷移が起こった確率を $\mathbf{P}(s, s')$ と書くことにすると，それは $\mathbf{Q}(s, s')/\mathbf{E}(s)$ となる．(ただし $\mathbf{E}(s) = 0$，すなわち行き止まりの場合は，$\mathbf{P}(s, s') = 0$ とする．)

連続時間マルコフ連鎖における実行過程には，経由した状態の他に，各状態で遷移が起こるまで待った時間の情報が含まれる．つまり，状態 s から始まる経路を状態と正の実数とが交互に繰り返される無限列と定め，$\sigma = s_0, t_0, s_1, t_1, \ldots$ あるいは $\sigma = s_0 \xrightarrow{t_0} s_1 \xrightarrow{t_1} \cdots$ のように書くものとする．このような経路 $s_0, t_0, s_1, t_1, \ldots$ は，状態 s_i に時間 t_i だけ滞在した後，状態 s_{i+1} に遷移したという様子を表している．離散時間の場合と同様に，σ の i 番目の状態，すなわち s_i を $\sigma[i]$ と書き，s から始まる経路全体の集合を $\mathit{Path}(s)$ と書く．また，$t \in \mathbb{R}_{\geq 0}$ に対し，$t \leq \sum_{i=0}^{k} t_i$ を満たす最小の k を用いて $\sigma(t) = s_k$ と定める．

離散時間の場合と同様に，ある種の $\mathit{\Pi} \subseteq \mathit{Path}(s)$ に対して確率 $\mathrm{Pr}_s(\mathit{\Pi})$ を定めたい．ただし離散時間の場合と違い，有限の経路に対してではなく，状態と $\mathbb{R}_{\geq 0}$ 中の空でない区間とが交互に現れる有限列 $s_0, I_0, \ldots, I_{n-1}, s_n$ に対して $C(s_0, I_0, \ldots, I_{n-1}, s_n)$ を考える．これは前半部分の状態列が $s_0, \ldots, s_n$ に一致し，かつ各 $i\,(0 \leq i < n)$ に対し，状態 s_i における滞在時間 t_i が区間 I_i に含まれるような経路全体の集合である．$\mathit{\Pi} = C(s_0, I_0, \ldots, I_{n-1}, s_n)$ の形の $\mathit{\Pi}$ に対して，$\mathrm{Pr}_{s_0}(\mathit{\Pi})$ は次のように定められる．

$$\prod_{i=0}^{n-1} \mathbf{P}(s_i, s_{i+1}) \cdot (e^{-\mathbf{E}(s_i)\cdot\alpha_i} - e^{-\mathbf{E}(s_i)\cdot\beta_i})$$

ただし，$\alpha_i = \inf I_i$, $\beta_i = \sup I_i$ である．上式において，$\mathbf{P}(s_i, s_{i+1})$ は s_i からの遷移が起こったという条件のもとで遷移先として s_{i+1} が選択される確率，$(e^{-\mathbf{E}(s_i)\cdot\alpha_i} - e^{-\mathbf{E}(s_i)\cdot\beta_i})$ は区間 I_i に含まれる滞在時間内に s_i からの遷移が起こる確率をそれぞれ表していることに注意すると理解しやすいであろう．離散時間の場合と同様，詳細は省略するが，後で述べるモデル検査においては，この形の Π に制限した確率から定まるもので十分である．

2.4.2　確率モデル検査

確率状態遷移系においても状態遷移系と同様に，モデル検査による検証が考えられている．状態遷移系のときと同様，まず原子命題の空でない有限集合 AP を固定する．また，確率状態遷移系に対し，各状態において成り立つ原子命題の集合の割り当て $I: S \to 2^{AP}$ が与えられているものとする．

状態遷移系のときと同様，検証したい性質の記述のために時相論理を用いる．ここでは，離散時間マルコフ連鎖については，PCTL (Probabilistic CTL) を，連続時間マルコフ連鎖については CSL (Continuous Stochastic Logic) を用いる例を挙げる．

PCTL 論理式 φ は以下のように定義される．

$$\varphi ::= a \mid \neg\varphi \mid \varphi \vee \varphi \mid \mathcal{P}_{\bowtie p}(\psi)$$

ここで，$a \in AP, \bowtie \in \{\leq, <, \geq, >\}, p \in [0,1]$ である．さらに，ψ は以下で定義される経路論理式 (path formula) である．

$$\psi ::= X\varphi \mid \varphi\,\mathcal{U}\,\varphi \mid \varphi\,\mathcal{U}^{\leq k}\,\varphi$$

ここで，$k \in \mathbb{N}$ である．

経路論理式 ψ に対比させて，PCTL 論理式 φ のことを状態論理式 (state formula) と呼ぶことがある．状態論理式 φ については状態 s において性質 φ が成り立つという関係 $s \models \varphi$ を，経路論理式 ψ については経路 σ において性質 ψ が成り立つという関係 $\sigma \models \psi$ を定義することになる．これらは同じ記号 $\models$ を用いているが（強く関連してはいるものの）異なる関係である．

$s \models \varphi$ および $\sigma \models \psi$ は，次のように再帰的に定義される．

- $a \in I(s)$ ならば，$s \models a$
- $s \models \varphi$ でないならば，$s \models \neg\varphi$
- $s \models \varphi_1$ または $s \models \varphi_2$ ならば，$s \models \varphi_1 \vee \varphi_2$
- $\Pr_s\{\sigma \in Path(s) \mid \sigma \models \psi\} \bowtie p$ ならば，$s \models \mathcal{P}_{\bowtie p}(\psi)$

- $\sigma[1] \models \varphi$ ならば $\sigma \models X\varphi$
- ある $k \in \mathbb{N}$ が存在して $\sigma[k] \models \varphi_2$ かつ，任意の $i < k$ に対して $\sigma[i] \models \varphi_1$ ならば，$\sigma \models \varphi_1 \,\mathcal{U}\, \varphi_2$
- ある $k' \leq k$ が存在して $\sigma[k'] \models \varphi_2$ かつ，任意の $i < k'$ に対して $\sigma[i] \models \varphi_1$ ならば，$\sigma \models \varphi_1 \,\mathcal{U}^{\leq k}\, \varphi_2$

$s \models \mathcal{P}_{\bowtie p}(\psi)$ は s から始まる経路のうち，ψ を満たすものの確率を p' として，$p' \bowtie p$ が成り立つということである．

さらにいくつかの論理演算子を定義して用いることもある．直感的な意味とともに以下に挙げる．

- $\top \equiv p \vee \neg p$ ただし p は適当な原子命題
  $\top$ は任意の状態で成り立つ論理式である．
- $\varphi_1 \wedge \varphi_2 \equiv \neg(\neg\varphi_1 \vee \neg\varphi_2)$
  「かつ」を表す．
- $\Diamond\varphi \equiv \top \,\mathcal{U}\, \varphi$
  いつか必ず φ が成り立つ．
- $\Diamond^{\leq k}\varphi \equiv \top \,\mathcal{U}^{\leq k}\, \varphi$
  k 単位時間以内に φ が成り立つ．

下二つは経路論理式であるから，PCTL 論理式，すなわち状態論理式として用いるときは，確率経路演算子 $\mathcal{P}$ を伴う形にして $\mathcal{P}_{\leq 0.3}(\Diamond^{\leq 10}\varphi)$（10 単位時間以内に φ が成り立つような経路が選択される確率は 0.3 以下）などのように用いる．

連続時間マルコフ連鎖の性質の記述に用いる CSL 論理式 φ と，経路論理式 ψ は以下に定義される．

$$\varphi ::= a \mid \neg\varphi \mid \varphi \vee \varphi \mid \mathcal{P}_{\bowtie p}(\psi) \mid \mathcal{S}_{\bowtie p}(\varphi)$$

$$\psi ::= X\varphi \mid \varphi \,\mathcal{U}\, \varphi \mid \varphi \,\mathcal{U}^{\leq t}\, \varphi$$

ここで，$a \in AP$, $\bowtie \in \{\leq, <, \geq, >\}$, $p \in [0,1]$, $t \in \mathbb{R}_{\geq 0}$ である．

$s \models \varphi$ および $\sigma \models \psi$ は，次のように再帰的に定義される．

- $a \in I(s)$ ならば，$s \models a$

- $s \models \varphi$ でないならば，$s \models \neg\varphi$
- $s \models \varphi_1$ または $s \models \varphi_2$ ならば，$s \models \varphi_1 \vee \varphi_2$
- $\Pr_s\{\sigma \in Path(s) \mid \sigma \models \psi\} \bowtie p$ ならば，$s \models \mathcal{P}_{\bowtie p}(\psi)$
- $\lim_{t\to\infty} \Pr_s\{\sigma \in Path(s) \mid \sigma(t) \models \varphi\} \bowtie p$ ならば，$s \models \mathcal{S}_{\bowtie p}(\varphi)$

- $\sigma[1] \models \varphi$ ならば $\sigma \models X\varphi$
- ある $k \in \mathbb{N}$ が存在して $\sigma[k] \models \varphi_2$ かつ，任意の $i < k$ に対して $\sigma[i] \models \varphi_1$ ならば，$\sigma \models \varphi_1\, \mathcal{U}\, \varphi_2$
- ある $x \in [0,t]$ に対し，$\sigma(x) \models \varphi_2$ かつ，$0 \leq y < x$ を満たす任意の y について $\sigma(y) \models \varphi_2$ ならば，$\sigma \models \varphi_1\, \mathcal{U}^{\leq t}\, \varphi_2$

$s \models \mathcal{P}_{\bowtie p}(\psi)$ の意味は離散時間のものと同様である．$s \models \mathcal{S}_{\bowtie p}(\varphi)$ は定常状態確率 (steady state probability) と呼ばれ，直感的な意味は，状態 s から始まる長期的な実行過程を考えたとき，φ が満たされる状態にいる確率を p' として，$p' \bowtie p$ が成り立つということである．なお，定常状態確率の定義中における極限の存在は，S が有限集合であることから保証される．

PCTL と同様に，$\top$, $\wedge$, $\Diamond$, および $\Diamond^{\leq t}\varphi \equiv \top\, \mathcal{U}^{\leq t}\, \varphi$ を定義して用いることもある．

PCTL や CSL のモデル検査アルゴリズムの基本的構造は，CTL のときと同様，与えられた論理式の部分論理式すべてについて再帰的に求めていくというものである．状態論理式については CTL のときと同じで，論理式を満たすような状態全体の集合を求める．しかし，経路論理式については各状態 s において部分論理式 ψ が満たされる確率 $\Pr_s\{\sigma \in Path(s) \mid \sigma \models \psi\}$ を求めることとなる．

単純な場合のみ概要を述べると，$X\varphi$ については，既に求まっている $S' = \{s \in S \mid s \models \varphi\}$ を用いて，$\displaystyle\sum_{s' \in S'} \mathbf{P}(s, s')$ とする．$\varphi_1\, \mathcal{U}\, \varphi_2$ については，既に求まっている $S_i = \{s \in S \mid s \models \varphi_i\}$ $(i = 1, 2)$ を用いて，以下の連立一次方程式の最小解 $F(s)$ を求め，それを s における確率とする．

$$F(s) = \begin{cases} 1 & s \in S_2 \\ \displaystyle\sum_{s' \in S} \mathbf{P}(s, s')F(s') & s \in S_1 \setminus S_2 \\ 0 & s \notin S_1 \cup S_2 \end{cases}$$

2.4.3 確率状態遷移系における双模倣

モデル検査のときと同様に，各状態において成り立つ原子命題の集合の割り当て $I : S \to 2^{AP}$ が与えられている状況を考える．このとき，離散時間マルコフ連鎖や連続時間マルコフ連鎖においても，双模倣を考えることができる．

S を状態の集合とし，R を状態間の同値関係とする．このとき，R のもとでの同値類 $C \in S/R$ に対し，$\mathbf{P}(s, C) = \sum_{s' \in C} \mathbf{P}(s, s')$ および $\mathbf{Q}(s, C) = \sum_{s' \in C} \mathbf{Q}(s, s')$ と定める．すると，

- 離散時間マルコフ連鎖において R が双模倣であるとは，sRt となる任意の状態 s，t について，$I(s) = I(t)$ かつ任意の $C \in S/R$ について $\mathbf{P}(s, C) = \mathbf{P}(t, C)$ が成り立つこと．
- 連続時間マルコフ連鎖において R が双模倣であるとは，sRt となる任意の状態 s，t について，$I(s) = I(t)$ かつ任意の $C \in S/R$ について $\mathbf{Q}(s, C) = \mathbf{Q}(t, C)$ が成り立つこと．

と定義される．ある双模倣 R が存在して，sRt が成り立つとき，s と t は双模倣的であるという．

Kripke 構造における双模倣と CTL 論理式の間の関係と同様に，確率状態遷移系においても以下のことが成り立つ．

- 離散時間マルコフ連鎖において，状態 s と t が双模倣的であることと，s で成り立つ PCTL 論理式全体の集合と t で成り立つ PCTL 論理式全体の集合とが一致することは同値
- 連続時間マルコフ連鎖において，状態 s と t が双模倣的であることと，s で成り立つ CSL 論理式全体の集合と t で成り立つ CSL 論理式全体の集合とが一致することは同値

よって，やはりある確率状態遷移系において PCTL（あるいは CSL）論理式が成り立つかどうかを検査するかわりに，それと双模倣的な確率状態遷移系で検査するということが可能となる．

2.4.4　確率ペトリネット

確率ペトリネット(Stochastic Petri Net) はペトリネット $N = (P, T, F, W)$ の各トランジション $t \in T$ に，発火率として正の実数を割り当てたものである．一般には発火率はトランジション t だけでなくマーキング M に依存してもよいので，$\lambda(t, M)$ のように書くことにする．

連続時間マルコフ連鎖のときと同様，マーキング M において発火可能なトランジション t について，時間 x 以内に発火する確率が $1 - e^{-\lambda(t,M)x}$ で与えられる．マーキング M で複数のトランジションが同時に発火可能になった場合は，遅延時間の短いものが発火する．

有界な確率ペトリネット (P, T, F, W, λ) からは，連続時間マルコフ連鎖 $(S, \mathbf{Q})$ を次のようにして得ることができる．まず，到達可能なマーキング全体の集合を S とする．次に，各マーキングの組 $M_i, M_j \in S$ に対し，M_i を M_j に変えるトランジション全体の集合を T_{ij} として，$\mathbf{Q}(M_i, M_j) = \sum_{t \in T_{ij}} \lambda(t, M_i)$ と定める．特に M_i を M_j に変えるトランジションがなければ $\mathbf{Q}(M_i, M_j) = 0$ になる．

練習問題

問題 1 以下の条件を満たす状態遷移系の例をそれぞれ挙げよ．

- 状態空間が有限．
- 有限分岐だが状態空間が無限．
- 有限分岐でない．

問題 2 大相撲の優勝決定戦で行われる，3 人による巴戦に対応する状態遷移系を作成せよ．A，B，C 3 人による巴戦とは，まず A と B が戦い，それ以降は前回の対戦の勝者と前回対戦のなかった者とが対戦することを繰り返すものである．ただし，前回の対戦の勝者が続けて勝てばその時点で優勝決定であり，それ以降の対戦は行わない．状態をどのようにとるのが適当か?

問題 3 原子命題として「要求を受けた」ことを表す R と,「返答を行った」ことを表す A を考える．CTL 論理式 $\mathsf{AG}(R \Rightarrow \mathsf{AF}A)$ の表す内容を説明せよ．ただし，$\varphi_1 \Rightarrow \varphi_2 \equiv \neg\varphi_1 \vee \varphi_2$ とする．

問題 4 系がリセットされた状態にあることを表す原子命題を R とする.「将来どのような状態に辿りついても，そこからリセットされた状態に辿りつく経路がある」ことを表す CTL 論理式を与えよ．

問題 5 CTL 論理式においては，次のように定義される $\mathsf{A}(\varphi_1 \mathsf{R} \varphi_2)$, $\mathsf{E}(\varphi_1 \mathsf{R} \varphi_2)$ を考えることがある．

- $\mathsf{A}(\varphi_1 \mathsf{R} \varphi_2) \equiv \neg\mathsf{E}(\neg\varphi_1 \mathsf{U} \neg\varphi_2)$
- $\mathsf{E}(\varphi_1 \mathsf{R} \varphi_2) \equiv \neg\mathsf{A}(\neg\varphi_1 \mathsf{U} \neg\varphi_2)$

時相演算子 R に対する直感的な説明を与えよ．

問題 6 §1.1.2.1 で挙げた酵素反応に関するマルチセット書き換え系

$$\{A, E\} \to \{AE\}$$
$$\{AE\} \to \{A, E\}$$
$$\{AE\} \to \{B, E\}$$

から，対応するペトリネットを得よ．また，得られたペトリネットに対し，マルチセット $\{A, A, A, E, E\}$ に対応する初期マーキングを根のラベルとする被覆木を構成せよ．

問題 7 §2.3.1 で挙げたペトリネットから，対応するマルチセット書き換え系を得よ．

問題 8 ペトリネットを状態遷移系とみなしたとき，有限分岐になることを確認せよ．

第3章

化学反応のモデルとシミュレーション

本章では，化学反応のモデルとシミュレーションについて詳説する．第1章で述べたように，分子数が膨大である場合，各分子種の量は連続的な濃度によって近似することができる．この場合，微分方程式によって濃度の時間的変化を記述することができ，分子系の決定的なシミュレーションが可能になる．

分子数が少ない場合，各分子種の分子数をまとめて，分子系全体をマルチセットによって表現すると，化学反応はマルチセットの書き換え規則とみなすことができる．この場合，書き換え規則によってマルチセットを確率的に書き換えることにより，確率的なシミュレーションが可能である．本章では，分子系の確率的なシミュレーションを行うためのGillespieのアルゴリズムについて解説する．このアルゴリズムは，次章の膜構造を有する細胞系のシミュレーションにおいても活用されている．

3.1　連続濃度と決定的なシミュレーション

N 種類の分子 S_i $(1 \leq i \leq N)$ が溶けている溶液を考えよう．分子の間には，有限種類の化学反応が定義されるとする．各反応は，

$$S_{l_1} + S_{l_2} + \cdots \ \rightarrow \ S_{r_1} + S_{r_2} + \cdots$$

という形をしている．矢印 $(\rightarrow)$ の左辺が反応物を表し，右辺が生成物を表している．左辺と右辺に重複があってもかまわない．例えば，以下のような反応 R_1 を考えよう．

$$R_1:\ \ S_1 + S_2 \ \rightarrow\ S_1 + S_1$$

この反応は，分子 S_1 と分子 S_2 が一つずつ反応して，分子 S_1 が二つ生成される反応を表している．もちろん，重複した分子には係数をつけて以下のように表すこともできる．

$$R_1:\ \ S_1 + S_2 \ \rightarrow\ 2S_1$$

分子系の状態は，各分子種の分子数もしくは濃度によって捉えることができる．上述したように，各分子種の分子数をまとめて分子系全体をマルチセットによって表現すると，化学反応はマルチセット書き換え規則と考えることができるが，分子数が膨大である場合，各分子種の量は連続的な濃度によって近似することができ，濃度の時間的変化は微分方程式によって記述される．

3.1.1　微分方程式

N 種類の分子 S_i $(1 \leq i \leq N)$ に対して，その濃度 X_i は，各化学反応の速度定数によって定まる微分方程式によって，時間とともに決定的に変化する．もちろん，濃度 X_i は非負の実数である．

X_i は次のような微分方程式に従う．

$$\frac{dX_i}{dt} \ = \ -\sum_{l_j^\mu = i} k_\mu X_{l_1^\mu} X_{l_2^\mu} \cdots \ + \sum_{r_j^\mu = i} k_\mu X_{l_1^\mu} X_{l_2^\mu} \cdots$$

ただし，反応 R_μ は，

$$S_{l_1^\mu} + S_{l_2^\mu} + \cdots \ \rightarrow\ S_{r_1^\mu} + S_{r_2^\mu} + \cdots$$

という形をしており，その速度定数は k_μ であるとする．上の最初の $\sum$ は μ を動かしたときの和を表し，その条件 $l_j^\mu = i$ は，S_i が反応 R_μ の左辺に現れることを意味している．すなわち，S_i が R_μ の左辺に現れるような μ に対して，$k_\mu X_{l_1^\mu} X_{l_2^\mu} \ldots$ を足し合わせる．二番目の $\sum$ も同様で，その条件 $r_j^\mu = i$ は，S_i が反応の右辺に現れることを意味している．S_i が R_μ の左辺もしくは右辺に多数回現れるときは，$\sum$ においてもその回数だけ重複してカウントされるものとする．

例えば，先の反応

$$R_1: \quad S_1 + S_2 \ \rightarrow \ S_1 + S_1$$

が一つだけあるとすると，X_1 と X_2 は次の方程式に従う．

$$\frac{dX_1}{dt} = -kX_1X_2 + 2kX_1X_2$$
$$\frac{dX_2}{dt} = -kX_1X_2$$

3.1.2 Oregonator のシミュレーション

§1.1.3.2 において，分子種の濃度が時間とともに振動するという分子系の例として，Oregonator を紹介した．Oregonator は以下のような化学反応から成り立っている．

$$A + Y \rightarrow X + P$$
$$X + Y \rightarrow 2P$$
$$A + X \rightarrow 2X + 2Z$$
$$2X \rightarrow A + P$$
$$B + Z \rightarrow B'$$
$$B + Z \rightarrow Y$$

最初の四つの化学反応の速度定数を k_1，k_2，k_3，k_4，最後の二つの化学反応の速度定数をどちらも $k_5/2$ とすると，以下のような微分方程式が立つ．

$$\frac{d[X]}{dt} = k_1[A][Y] - k_2[X][Y] + 2k_3[A][X] - 2k_4[X]^2$$
$$\frac{d[Y]}{dt} = -k_1[A][Y] - k_2[X][Y] + \frac{k_5}{2}[B][Z]$$
$$\frac{d[Z]}{dt} = 2k_3[A][X] - k_5[B][Z]$$

この微分方程式を数値的に解いてみよう．以下のように速度定数を設定する．

$$k_1 = 1.28$$
$$k_2 = 2.4 \times 10^6$$
$$k_3 = 33.6$$

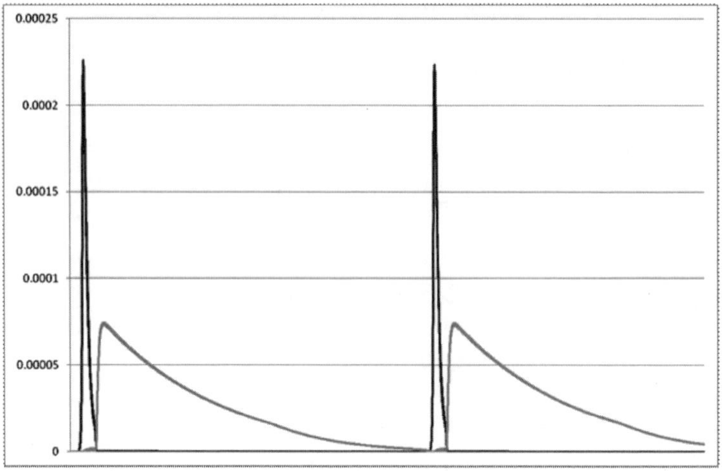

図 3.1　BZ 反応のグラフ

$$k_4 = 3 \times 10^3$$
$$k_5 = 1$$

そして，A と B の濃度（一定）と，X と Y と Z の初期濃度を以下のようにおく．

$$[A] = 0.06$$
$$[B] = 0.02$$
$$[X]_0 = 0.0000001$$
$$[Y]_0 = 0$$
$$[Z]_0 = 0$$

すると，図 3.1 のような数値解が得られる．このグラフは $[X]$ と $[Z]$ の値を表示したものである．鋭いピークを持っているほうが $[X]$ である．

3.1.3　安定性の解析

§1.2.1.3 において，トグル・スイッチの人工遺伝子回路を説明した．2 種類のタンパク λCI と LacR の濃度を u と v とおくと，

$$\frac{du}{dt} = \alpha_1 + \frac{\beta_1 K_1^3}{K_1^3 + v^3} - \left(d_1 + \frac{\gamma s}{1+s}\right) u$$

および

$$\frac{dv}{dt} = \alpha_2 + \frac{\beta_2 K_2^3}{K_2^3 + u^3} - d_2 v$$

という微分方程式が得られた.

以上のような微分方程式に対しては，ヌルクラインを用いた安定性の解析を行うことができる．ヌルクライン (nullcline) とはある関数の微分が 0 になる曲線（や曲面）のことで，上の例の場合は，$\frac{du}{dt} = 0$ となる曲線と $\frac{dv}{dt} = 0$ となる曲線のことである.

文献 [22] では以下のようなパラメータを用いている.

- $\alpha_1 = 0.2\mu\mathrm{M} \cdot \mathrm{min}^{-1}$
- $\alpha_2 = 0.2\mu\mathrm{M} \cdot \mathrm{min}^{-1}$
- $\beta_1 = 4\mu\mathrm{M} \cdot \mathrm{min}^{-1}$
- $\beta_2 = 4\mu\mathrm{M} \cdot \mathrm{min}^{-1}$
- $\gamma = 1\mathrm{min}^{-1}$
- $d_1 = 1\mathrm{min}^{-1}$
- $K_1 = 1\mu\mathrm{M}$
- $K_1 = 2\mu\mathrm{M}$
- $d_2 = 1\mathrm{min}^{-1}$

$s = 0$ のとき，u と v は全く対称になるが，ヌルクラインは図 3.2 のようになる．グラフの横軸が u を示し，縦軸が v を示している．ヌルクラインの交わる点では両方の微分が 0 になるが，このような点は安定点と不安定点に分類される．ヌルクラインで囲まれた各領域において，$\frac{du}{dt}$ と $\frac{dv}{dt}$ の符号により u と v の増減を考えると，各点が安定点であるか不安定点であるかがわかる．図 3.2 には u と v の増減の方向を図示した．これにより，真中の点が不安定点で，両端の点が安定点であることがわかる.

図 3.3 は，$s = 1.7$ の場合のヌルクラインを示している．この場合，右端の安定点と不安定点が近くにあるため，左端の安定点がより安定であることがわかる.

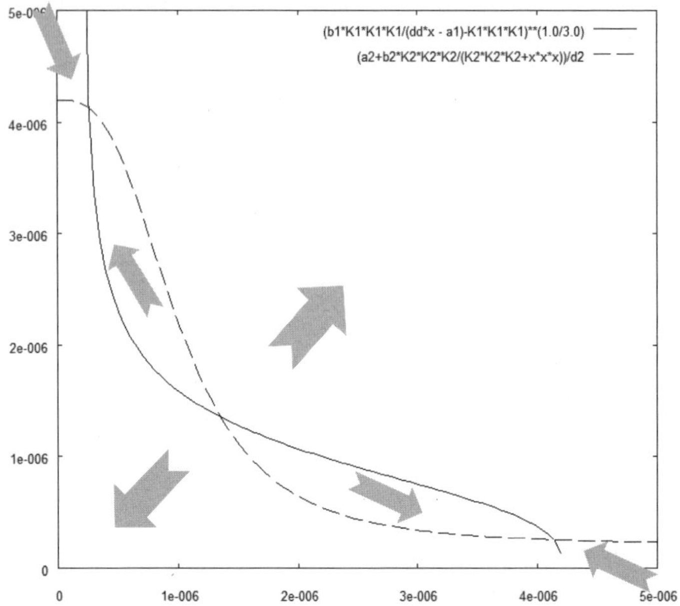

図 **3.2**　ヌルクライン ($s = 0$)

3.2　マルチセットと確率的シミュレーション

§1.1.2 で述べたように，少分子系はマルチセットを状態とする遷移系と考えられる．しかも，マルチセットの状態が確率的に遷移する．本節では，少分子系を確率的にシミュレートする Gillepie のアルゴリズムを中心に述べる．

3.2.1　マスター方程式

M 種類の化学反応 R_μ $(1 \leq \mu \leq M)$ に対して，次のような定数 c_μ を仮定する．反応 R_μ の反応物の個々の組合せに対して，微小時間 dt の間に反応が起こる確率は，単位体積あたり，$c_\mu dt$ である．

例として，

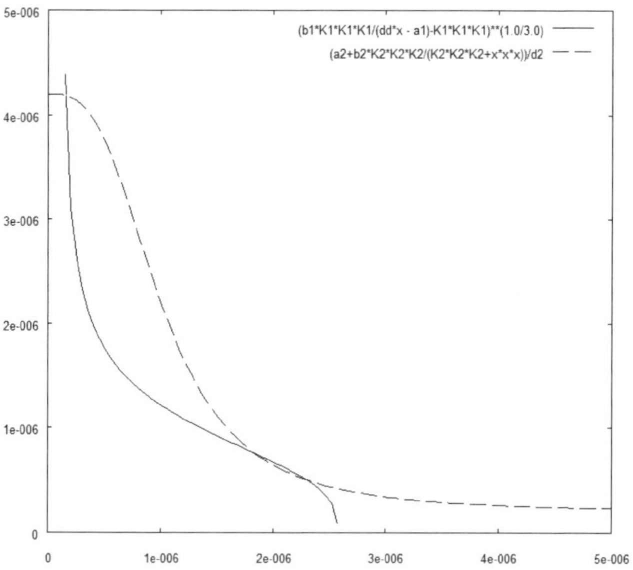

図 3.3 ヌルクライン ($s = 1.7$)

$$R_1: \quad S_1 + S_2 \to 2S_1$$

という反応を考えよう．この反応の定数を c_1 とする．いま，体積 V の溶液の中に分子 S_1 が X_1 個存在し，分子 S_2 が X_2 個存在しているとしよう．すると，反応物の組合せは X_1X_2 通りあるが，溶液の体積が V であるので，2 個の分子が出会う確率は V^2 分の 1 になる．したがって，微小時間 dt の間にこの反応が起こる確率は，単位体積あたり，$X_1X_2c_1dt/V^2$ である．溶液の体積は V であったので，溶液全体としては，反応が起こる確率は $X_1X_2c_1dt/V$ になる．

また，上の反応の逆反応を R_2 とする．

$$R_2: \quad 2S_1 \to S_1 + S_2$$

この場合，分子 S_1 が X_1 個存在しているとすると，反応物の組合せは $(1/2)X_1(X_1 - 1)$ 通りである．したがって，R_2 の速度定数を c_2 とすると，R_2 が微小時間 dt の間に起こる確率は，単位体積あたり，$(1/2)X_1(X_1 - 1)c_2dt/V^2$

である．

分子数が非常に大きい場合，微小時間 dt の間に，単位体積あたり，反応 R_1 が常に $X_1X_2c_1dt/V^2$ 回起こると考えることができる．S_1 の濃度は X_1/V，S_2 の濃度は X_2/V であるので，R_1 の速度定数は，$(X_1X_2c_1/V^2)/((X_1/V)(X_2/V)) = c_1$ に等しい．また，反応 R_2 は常に $(1/2)X_1(X_1-1)c_2dt/V^2$ 回起こるので，R_2 の速度定数は，$((1/2)X_1(X_1-1)c_2/V^2)/(X_1/V)^2 \approx (1/2)c_2$ となる．以上のようにして，反応 R_μ に対して導入した定数 c_μ と，反応 R_μ の速度定数 k_μ を対応させることができる．したがって，前節で述べた濃度に対する決定的なシミュレーションは，以下で述べる確率的なシミュレーションにおいて，分子数が大きくなった極限と考えることができる．

以下では，簡単のため，単位体積の溶液を仮定する．もしくは，X_i は単位体積あたりの分子数を表すとする．

分子数が少ない場合，分子系の状態は各分子種の分子数の組合せによって定まる．すなわち，N 種類の分子 S_i $(1 \le i \le N)$ に対して，S_i の分子数を X_i としたとき，系全体の状態は $(X_1,\ldots,X_N)$ となる．もちろん，X_i は自然数（0 以上の整数）である．$(X_1,\ldots,X_N)$ は S_i を要素とするマルチセットに他ならない．時刻 t において状態 $(X_1,\ldots,X_N)$ を取る確率を $P(X_1,\ldots,X_N;t)$ と定義する．

すると，$P(X_1,\ldots,X_N;t)$ は以下のように時間発展する．

$$P(X_1,\ldots,X_N;t+dt) \;=\; P(X_1,\ldots,X_N;t)\left(1-\sum_{\mu=1}^{M} a_\mu dt\right)+\sum_{\mu=1}^{M} B_\mu dt$$

ここで，$a_\mu dt$ は，状態 $(X_1,\ldots,X_N)$ から反応 R_μ によって別の状態に遷移する確率，$B_\mu dt$ は，逆に，反応 R_μ によって状態 $(X_1,\ldots,X_N)$ へ遷移する確率である．

例えば，上の R_1 と R_2 のみを考えたとき，$X_1 = 3$, $X_2 = 4$ の場合には，

$$\begin{aligned} P(3,4;t+dt) = P(3,4;t)\left(1-\left(3\cdot 4\cdot c_1dt+\frac{1}{2}\cdot 3\cdot 2\cdot c_2dt\right)\right) \\ + P(2,5;t)\cdot 2\cdot 5\cdot c_1dt + P(4,3;t)\cdot\frac{1}{2}\cdot 4\cdot 3\cdot c_2dt \end{aligned}$$

となる．ここで，上の一般式にあてはめると，

$$
\begin{aligned}
a_1 &= 3 \cdot 4 \cdot c_1 \\
a_2 &= \frac{1}{2} \cdot 3 \cdot 2 \cdot c_2 \\
B_1 &= P(2,5;t) \cdot 2 \cdot 5 \cdot c_1 \\
B_2 &= P(4,3;t) \cdot \frac{1}{2} \cdot 4 \cdot 3 \cdot c_2
\end{aligned}
$$

が成り立つ．したがって，

$$
\begin{aligned}
\frac{d}{dt}P(3,4;t) = P(2,5;t) \cdot 2 \cdot 5 \cdot c_1 + P(4,3;t) \cdot \frac{1}{2} \cdot 4 \cdot 3 \cdot c_2 \\
- P(3,4;t) \cdot 3 \cdot 4 \cdot c_1 - P(3,4;t) \cdot \frac{1}{2} \cdot 3 \cdot 2 \cdot c_2
\end{aligned}
$$

という微分方程式が得られる．

一般的に，

$$
\frac{d}{dt}P(X_1,\ldots,X_N;t) \;=\; \sum_{\mu=1}^{M}(B_\mu - a_\mu P(X_1,\ldots,X_N;t))
$$

という微分方程式が得られる．これはマスター方程式と呼ばれている．

マスター方程式を解析的に解くことは難しい．非常に簡単な例として，二つの分子種 A と B があって，両者の間に，

$$
A \;\rightarrow\; B
$$

という反応と

$$
B \;\rightarrow\; A
$$

という逆反応があるとする．どちらの反応も同じ確率で起こるとする．分子種 A の分子数と分子種 B の分子数の和を N とする．反応によって分子数の和 N は変わらないので，N は定数である．

時刻 t において分子種 A の分子数が x である確率を $P(x;t)$ とする．分子種 B の分子数は $N-x$ になる．すると，以下のようなマスター方程式が得られる．

$$
\begin{aligned}
\frac{d}{dt}P(0;t) &= (-Nc)P(0;t) + cP(1;t) \\
\frac{d}{dt}P(x;t) &= (-xc - (N-x)c)P(x;t) \\
&\qquad + (x+1)cP(x+1;t) + (N-(x-1))cP(x-1;t)
\end{aligned}
$$

$$(0 < x < N)$$

$$\frac{d}{dt}P(N;t) = (-Nc)P(N;t) + cP(N-1;t)$$

具体的に $N = 2$ の場合を考えよう．マスター方程式は以下のようになる．

$$\begin{aligned} \frac{d}{dt}P(0;t) &= (-2c)P(0;t) + cP(1;t) \\ \frac{d}{dt}P(1;t) &= 2cP(0;t) + (-2c)P(1;t) + 2cP(2;t) \\ \frac{d}{dt}P(2;t) &= (-2c)P(2;t) + cP(1;t) \end{aligned}$$

行列を用いると以下のように書くことができる．

$$\frac{d}{dt}\begin{pmatrix} P(0;t) \\ P(1;t) \\ P(2;t) \end{pmatrix} = c\begin{pmatrix} -2 & 1 & 0 \\ 2 & -2 & 2 \\ 0 & 1 & -2 \end{pmatrix}\begin{pmatrix} P(0;t) \\ P(1;t) \\ P(2;t) \end{pmatrix}$$

上の行列の固有値は 0 と -2 と -4 である．例として，

$$\begin{pmatrix} P(0;0) \\ P(1;0) \\ P(2;0) \end{pmatrix} = \begin{pmatrix} 1 \\ 0 \\ 0 \end{pmatrix}$$

という初期値のもとで解いてみると，以下のような解が得られる．

$$\begin{pmatrix} P(0;t) \\ P(1;t) \\ P(2;t) \end{pmatrix} = \begin{pmatrix} \dfrac{1 + 2\exp(-2ct) + \exp(-4ct)}{4} \\ \dfrac{1 - \exp(-4ct)}{2} \\ \dfrac{1 - 2\exp(-2ct) + \exp(-4ct)}{4} \end{pmatrix}$$

いうまでもなく，$t \to \infty$ の極限において，

$$\lim_{t\to\infty}\begin{pmatrix} P(0;t) \\ P(1;t) \\ P(2;t) \end{pmatrix} = \begin{pmatrix} \dfrac{1}{4} \\ \dfrac{1}{4} \\ \dfrac{1}{2} \end{pmatrix}$$

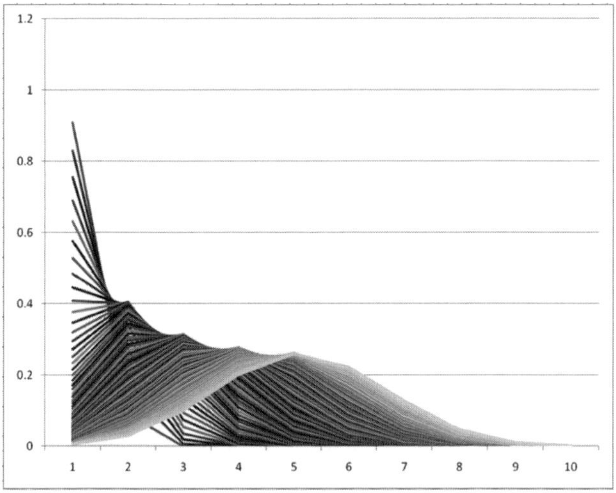

図 3.4　$N = 10$ の場合

が成り立つ．すなわち，試行回数 2，確率 1/2 の二項分布に近づく．

図 3.4 は，$N = 10$ の場合について，数値的に計算した結果である．初期値は $P(0; 0) = 1$ を満たしている．この場合も次第に二項分布に近づくことがわかる．

本章の§3.2.4 では，一般の N について解析を行う．

3.2.2　Gillespie のアルゴリズム

前項で述べたように，一般的にマスター方程式を解析的に解くことは難しい．これに対して，確率的なシミュレーションは以下のように容易に行うことができる．

確率的なシミュレーションを行うために，反応確率密度関数 $P(\tau, \mu)$ を導入する．時刻 t に系が状態 $(X_1, \ldots, X_N)$ にあるとき，微小時間 $d\tau$ に対して，次に起こる反応は時刻 $t + \tau$ から $t + \tau + d\tau$ の間であり，その反応が R_μ である確率が，$P(\tau, \mu)d\tau$ である．

$P(\tau, \mu)$ を求めるため，状態 $(X_1, \ldots, X_N)$ における反応 R_μ の反応物の組合

せの数を h_μ とおく．例えば，§3.2.1 の反応 R_1 に対しては $h_1 = X_1X_2$ であり，反応 R_2 に対しては $h_2 = \frac{1}{2}X_1(X_1-1)$ となる．

すると，時刻 $t+\tau$ まで反応が起こらず状態 $(X_1, \ldots, X_N)$ のままであったときに，時刻 $t+\tau$ から時刻 $t+\tau+d\tau$ の間に何らかの反応が起こる確率は，$h_\mu c_\mu d\tau$ が十分小さければ $\sum_{\mu=1}^{M} h_\mu c_\mu d\tau$ となる．そこで，$a_0 = \sum_{\mu=1}^{M} h_\mu c_\mu$ とおく．

すると，時刻 t から時刻 $t+\tau$ の間に，反応が何も起こらない確率 $P_0(\tau)$ は，

$$P_0(\tau + d\tau) \ = \ P_0(\tau)(1 - a_0 d\tau)$$

より，

$$\frac{d}{d\tau}P_0(\tau) \ = \ -P_0(\tau)a_0$$

という微分方程式を満たす．したがって，$P_0(0) = 1$ であるから，

$$P_0(\tau) \ = \ \exp(-a_0\tau)$$

となる．

$P_0(\tau)$ を用いると，時刻 t から時刻 $t+\tau$ までは何も起こらず，時刻 $t+\tau$ から $t+\tau+d\tau$ に反応 R_μ が起こる確率 $P(\tau,\mu)d\tau$ は，

$$P(\tau,\mu)d\tau \ = \ P_0(\tau)a_\mu d\tau$$

となる．ただし，$a_\mu = h_\mu c_\mu$ とおいた．したがって，

$$P(\tau,\mu) \ = \ a_\mu \exp(-a_0\tau)$$

となる．§2.4 も参照してほしい．

以上で求めた $P(\tau,\mu)$ に従って，確率的なシミュレーションを行う Gillespie のアルゴリズムは図 3.5 のとおりである．

最初の反応が起こる時刻の確率分布を表す分布関数 $F(\tau)$ を考える．これは，最初の反応が起こる時刻が 0 以上 τ 以下となる確率であり，すなわち時刻 0 から τ までの間に何も反応が起こらない事象の余事象の確率であるから，$F(\tau) = 1 - P_0(\tau) = 1 - \exp(-a_0\tau)$ が得られる．したがって，r_1 を $[0,1]$ の一様乱数としたとき，$r_1 = \exp(-a_0\tau)$ とおけば，最初の反応が起こる時刻 τ を

ステップ 0（**初期化**）：$t = 0$ とする．状態 $(X_1, \ldots, X_N)$ を初期化する．

ステップ 1：各反応 R_μ に対して $a_\mu = h_\mu c_\mu$ を計算する．さらに，a_0 を計算する．

ステップ 2：区間 $[0, 1]$ の一様乱数を二つ，r_1 と r_2 を求める．τ を

$$\tau \ = \ \frac{1}{a_0} \ln \frac{1}{r_1}$$

とおく．また，μ は，

$$\sum_{\nu=1}^{\mu-1} a_\nu < r_2 a_0 < \sum_{\nu=1}^{\mu} a_\nu$$

を満たす整数とする．

ステップ 3：t を τ だけ増やす．また，反応 R_μ によって状態 $(X_1, \ldots, X_N)$ を更新する．ステップ 1 に戻る．

図 3.5　Gillespie のアルゴリズム

ランダムに選ぶことができる．すなわち，$\tau = (1/a_0) \ln(1/r_1)$ が成り立つ．

また，反応 R_μ は a_μ に比例した確率で起こるので，r_2 を区間 $[0, 1]$ の一様乱数としたとき，$\sum_{\nu=1}^{\mu-1} a_\nu < r_2 a_0 < \sum_{\nu=1}^{\mu} a_\nu$ という条件によって，a_μ に比例した確率で μ を選ぶことができる．

3.2.3　τ 跳躍法

Gillespie のアルゴリズムは，化学反応の 1 回 1 回を忠実にシミュレートする代わりに，極めて大きな計算時間を必要とする．τ 跳躍法 (τ-leap method) は，Gillespie のアルゴリズムを近似する方法であり，確率的なシミュレーションを実際的に行う方法として広く用いられている．

いま，分子の数が，連続的な濃度で置き換えられるほどではないが，ある程度は大きいとする．特に，時間 τ の間に各反応が何回か起こりうるが，その間の各 a_μ の変化は a_μ に比べて相対的に小さいとする．すなわち，τ の間に何回か反応が起こっても，a_μ の値はほとんど変化しないとする．すると，時刻 t か

ら時刻 $t+\tau$ の間に，反応 R_μ が n 回起こる確率は，平均 $a_\mu\tau$ の Poisson 分布に従う．

一般に，微小時間 dt の間にある事象が起こる確率が adt であるとき，時間 τ の間にその事象が n 回起こる確率分布を $P(n)$ とおくと，この分布 $P(n)$ は，

$$P(n) \;=\; \frac{e^{-\lambda}\lambda^n}{n!}$$

を満たす．ただし，$\lambda = a\tau$ とおいた．λ はこの分布の平均である．

上の分布 $P(n)$ を，平均（平均発生回数）が λ である Poisson 分布という．この分布の分散も λ となる．したがって，標準偏差は $\sqrt{\lambda}$ である．λ が十分に大きくなると，Poisson 分布は正規分布に近づく．すなわち，Poisson 分布は正規分布によって近似することができる．

τ 跳躍法では，Poisson 分布（もしくは正規分布）を用いて確率的なシミュレーションを行う．まず，上述したように，時間 τ の間に，a_μ の値がほとんど変化しない回数しか反応が起こらないくらいに，τ の値を小さくとる．ただし，τ が小さすぎると反応が起こる回数が少なくなり，Poisson 分布を正規分布で近似できなくなる．τ の値を決めたら，時間間隔 τ ごとに，各反応 R_μ が起こる回数を Poisson 分布（もしくは正規分布）によって求め，すべての反応に対する結果に従って状態 $(X_1, \ldots, X_N)$ を更新するとともに，時刻 t を τ だけ増やす．

τ 跳躍法を適用する事例として，§1.2.1.3 のトグル・スイッチを検討しよう．先に述べたように，λCI と LacR の濃度を u と v とおくと，

$$\frac{du}{dt} \;=\; \alpha_1 + \frac{\beta_1 K_1^3}{K_1^3 + v^3} - \left(d_1 + \frac{\gamma s}{1+s}\right) u$$

および

$$\frac{dv}{dt} \;=\; \alpha_2 + \frac{\beta_2 K_2^3}{K_2^3 + u^3} - d_2 v$$

という微分方程式が得られた．ここで，u と v を連続量ではなく分子数と考えると，λCI の生成と分解，LacR の生成と分解の 4 種類の反応の回数が，時間 τ の間に，それぞれ以下のような平均値を持つ Poisson 分布に従うことになる．

- λCI の生成：$\left(\alpha_1 + \dfrac{\beta_1 K_1^3}{K_1^3 + v^3}\right)\tau$

- λCI の分解：$\left(d_1 + \dfrac{\gamma s}{1+s}\right) u\tau$
- LacR の生成：$\left(\alpha_2 + \dfrac{\beta_2 K_2^3}{K_2^3 + u^3}\right) \tau$
- LacR の分解：$d_2 v\tau$

したがって，時間間隔 τ ごとに，上の Poisson 分布に従って各反応の回数を求め，u と v を更新していくことにより，確率的なシミュレーションを行うことができる．なお，確率的なシミュレーションでは，濃度 1μM が細胞あたり 500 個の分子に相当するとして，§1.2.1.3 のパラメータを換算して用いている．

実際に，u の初期値を 2,125，v の初期値を 125 として，確率的なシミュレーションを行った結果の一つが図 3.6 である．t が区間 $[60, 960]$ にある間は $s = 1.7$ とする．それ以外では $s = 0$ とする．この条件は，実験開始後の 60 分から 960 分まで，マイトマイシン C を $s = 1.7$ に相当する濃度で添加することに対応している．図 3.6 の結果では，u と v の大小がシミュレーションの途中で反転している．

図 3.7 も，同じ条件で確率的なシミュレーションを行った結果であるが，この場合は u と v の大小が反転していない．

以上のように，反転したり反転しなかったりする現象は，少分子系の確率的なモデルであるがゆえに起こりうる．大分子系の場合，すなわち，微分方程式によるモデルでは，同様のパラメータを用いても，決して反転することはない．

3.2.4 Fokker-Planck の方程式

本項では，Fokker-Planck の方程式によるマスター方程式の解析について述べる．本項は本書の他の部分には関係しないので，読み飛ばしても差し支えない．

§3.2.1 の最後の例を，一般の N の場合について，x を連続化して解析してみよう．この場合，$P(x';t)$ は確率密度と考えることができる．そこで，時間 Δt の間に，状態 x から状態 $x+r$ へ遷移する確率密度を $w(x,r;\Delta t)$ とおく．$w(x,r;\Delta t)$ は r に対する確率密度なので，

$$\int w(x,r;\Delta t)dr \;=\; 1$$

が成り立つ．ただし，積分は $-\infty$ から ∞ までとする．すると，

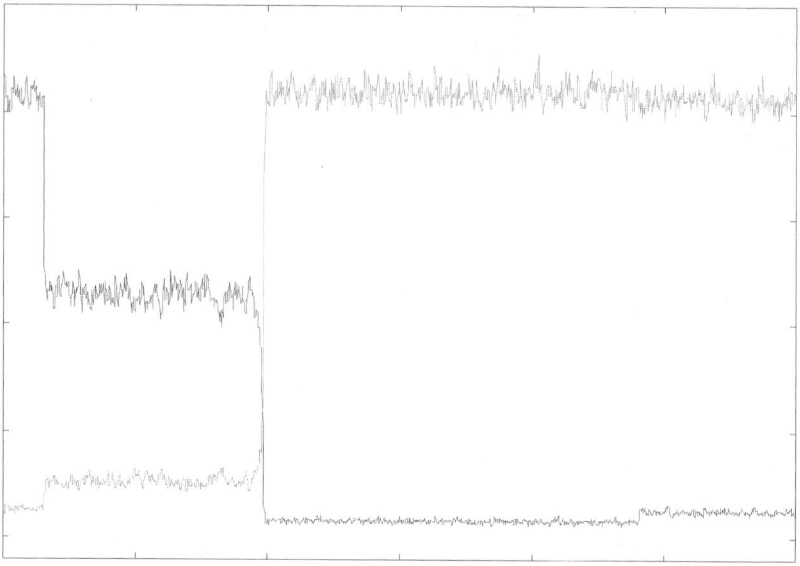

図 3.6　トグル・スイッチの確率的なシミュレーション

$$P(x; t+\Delta t) \;=\; \int P(x'; t) w(x', x-x'; \Delta t) dx'$$

という式が得られる．$x - x'$ を r とおいて，上の式を

$$P(x; t+\Delta t) \;=\; \int P(x-r; t) w(x-r, r; \Delta t) dr$$

と書き換える．すると，$P(x; t)$ の時間変異は，

$$\begin{aligned} & P(x; t+\Delta t) - P(x; t) \\ &= \int (P(x-r; t) w(x-r, r; \Delta t) - P(x; t) w(x, r; \Delta t)) dr \end{aligned}$$

と表される．$P(x; t) w(x, r; \Delta t)$ を x のまわりで Taylor 展開すると，

$$\begin{aligned} & P(x-r; t) w(x-r, r; \Delta t) - P(x; t) w(x, r; \Delta t) \\ &= \frac{\partial}{\partial x}(P(x; t) w(x, r; \Delta t))(-r) + \frac{1}{2} \frac{\partial^2}{\partial x^2}(P(x; t) w(x, r; \Delta t)) r^2 + \cdots \end{aligned}$$

となる．これを上の積分に入れる．

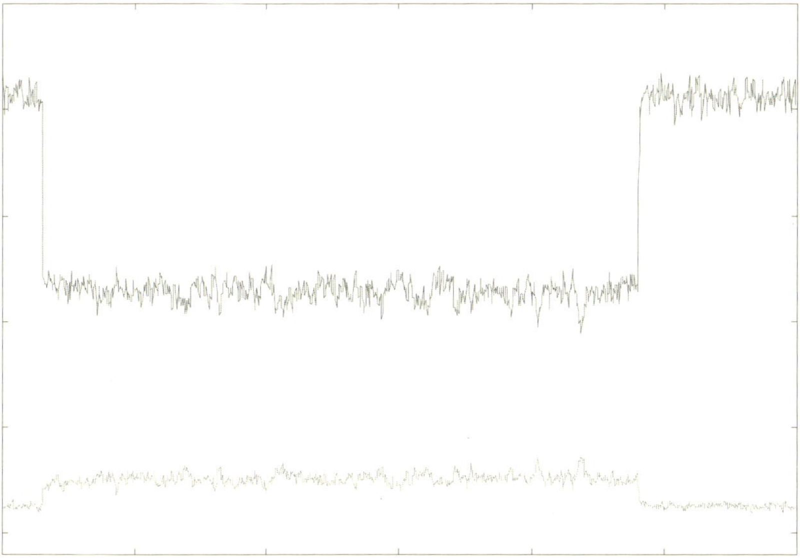

図 3.7 トグル・スイッチの確率的なシミュレーション

$$
\begin{aligned}
&P(x; t+\Delta t) - P(x;t) \\
&= \int \left(\frac{\partial}{\partial x}(P(x;t)w(x,r;\Delta t))(-r) + \frac{1}{2}\frac{\partial^2}{\partial x^2}(P(x;t)w(x,r;\Delta t))r^2 + \cdots \right) dr
\end{aligned}
$$

r や r^2 を偏微分の中に入れる．

$$
\begin{aligned}
&P(x; t+\Delta t) - P(x;t) \\
&= \int \left(-\frac{\partial}{\partial x}(P(x;t)w(x,r;\Delta t)r) + \frac{1}{2}\frac{\partial^2}{\partial x^2}(P(x;t)w(x,r;\Delta t)r^2) + \cdots \right) dr
\end{aligned}
$$

そして，積分と偏微分の順序を入れ替えると，

$$
\begin{aligned}
&P(x; t+\Delta t) - P(x;t) \\
&= -\frac{\partial}{\partial x}\left(P(x;t) \left(\int w(x,r;\Delta t) r dr \right) \right) \\
&\quad + \frac{1}{2}\frac{\partial^2}{\partial x^2}\left(P(x;t) \left(\int w(x,r;\Delta t) r^2 dr \right) \right) + \cdots
\end{aligned}
$$

が得られる．$\int w(x,r;\Delta t) r dr$ や $\int w(x,r;\Delta t) r^2 dr$ は，r の確率密度 $w(x,r;\Delta t)$

の n 次のモーメントである．

ここで，$w(x,r;\Delta t)$ が何になるかを考えよう．前節の τ 跳躍法により，時間 Δt の間に化学反応 $A \to B$ が起こる回数を m_1，化学反応 $B \to A$ が起こる回数を m_{-1} とすると，m_1 は平均 $cx\Delta t$ の Poisson 分布に従い，m_{-1} は平均 $c(N-x)\Delta t$ の Poisson 分布に従う．このとき，x の増減 r は $m_{-1}-m_1$ に等しいので，r の平均 μ は，m_{-1} の平均と m_1 の平均の差，すなわち，$c(N-x)\Delta t - cx\Delta t = c(N-2x)\Delta t$ に等しい．したがって，

$$\int rw(x,r;\Delta t)dr \ = \ c(N-2x)\Delta t$$

が成り立つ．また，r の分散 σ^2 は，m_{-1} の分散と m_1 の分散の和，すなわち，$c(N-x)\Delta t + cx\Delta t = cN\Delta t$ に等しい．すると，$r^2 = (r-\mu)^2 + 2(r-\mu)\mu + \mu^2$ であるから，

$$\int r^2 w(x,r;\Delta t)dr \ = \ \sigma^2 + \mu^2 \ = \ (c(N-2x)\Delta t)^2 + cN\Delta t$$

が成り立つ．

したがって，

$$\lim_{\Delta t \to 0} \frac{1}{\Delta t}\left(\int rw(x,r;\Delta t)dr\right) = c(N-2x)$$

$$\lim_{\Delta t \to 0} \frac{1}{\Delta t}\left(\int r^2 w(x,r;\Delta t)dr\right) = cN$$

が成り立つ．さらに，$k > 2$ の場合，Δt の 1 以上の冪が分子に現れるので，

$$\lim_{\Delta t \to 0} \frac{1}{\Delta t}\left(\int r^k w(x,r;\Delta t)dr\right) \ = \ 0$$

となる．

以上より，

$$\lim_{\Delta t \to 0} \frac{P(x;t+\Delta t) - P(x;t)}{\Delta t}$$
$$= -\frac{\partial}{\partial x}\left(P(x;t)c(N-2x)\right) + \frac{1}{2}\frac{\partial^2}{\partial x^2}\left(P(x;t)cN\right)$$

が成り立つ．すなわち，

$$\frac{\partial}{\partial t}P(x;t) \ = \ -\frac{\partial}{\partial x}\left(P(x;t)c(N-2x)\right) + \frac{1}{2}\frac{\partial^2}{\partial x^2}\left(P(x;t)cN\right)$$

という偏微分方程式が成り立つ．この偏微分方程式は，Fokker-Planck の方程式の一例である [26]．

この例の場合，十分に時間が経った定常状態において，すなわち，$t \to \infty$ の極限において，$P(x;t)$ は試行回数 N，確率 $1/2$ の二項分布に従うと考えられる．これは，平均 $N/2$，分散 $N/4$ の正規分布によって近似することができるので，

$$P(x) \;=\; \frac{1}{\sqrt{2\pi\dfrac{N}{4}}}\exp\left(-\frac{\left(x-\dfrac{N}{2}\right)^2}{\dfrac{N}{2}}\right)$$

とおいて，上の偏微分方程式の右辺

$$-\frac{d}{dx}\left(P(x)c(N-2x)\right)+\frac{1}{2}\frac{d^2}{dx^2}\left(P(x)cN\right)$$

を計算してみよう．$P(x)$ を x で微分すると $-2\left(\dfrac{2x}{N}-1\right)P(x)$ になるので，上の偏微分方程式の右辺は，

$$-\left(-2\left(\frac{2x}{N}-1\right)(N-2x)-2\right)+\frac{1}{2}\left(\left(2\left(\frac{2x}{N}-1\right)\right)^2-2\frac{2}{N}\right)N$$

に $cP(x)$ をかけたものになるが，これを計算すると 0 となる．したがって，この $P(x)$ は上の偏微分方程式の定常解であることがわかる．

第4章

膜構造を持つ計算モデル

§1.2，特に§1.2.2で述べたように，多様な膜構造を有していることが細胞の大きな特徴である．そのような膜構造は，膜の中に膜があるという階層性を有している．

本章では，膜構造を有するいくつかの代表的な計算モデルについて解説する．各種の並行計算系は,「膜」という言葉を陽に用いていなくとも，何らかの階層性を有しており，プロセスの間のインタラクションが階層構造によって限定されているという意味で，膜構造を有していると考えられる．実際に，代表的な並行計算系であるパイ計算を用いて，細胞内の化学反応を記述しようとする試みが盛んに行われてきた．本章では，パイ計算に先立って，化学反応にインスパイアされて設計された並行計算系である化学抽象機械について解説する．

次に，パイ計算を確率的に実行する枠組みである確率パイ計算について説明する．確率パイ計算を用いて，実際に細胞内の化学反応のシミュレーションが行われている．

さらに本章では，膜構造の動的な変化を記述することを主眼とした並行計算系であるアンビエント計算について解説する．特に，細胞の各種の振舞いを記述・シミュレートすることを目指すバイオアンビエント計算について紹介する．

以上で参照したのは，並行計算系の系譜にある計算系であるが，これらとは別に，形式言語理論やオートマトン理論の系譜にある計算系がある．これらの計算系はPシステムと呼ばれている．本章の最後で紹介する．

4.1　化学抽象機械

文献 [27] の化学抽象機械 (chemical abstract machine) は，一つの計算系ではなく，さまざまな計算系，特に並行計算系を定式化するための仮想機械の一般的な形を与えている．すなわち，個々の計算系は，化学抽象機械の枠組のもとで，具体的な規則を与えることによって定義される．

化学抽象機械は化学反応にインスパイアされて設計されたが，化学系や生物系の記述に応用することを意識して導入されたものではない．しかし，マルチセットの書き換えを計算の中心に据えていること，膜構造を持っていることなど，化学系や生物系の記述にとって重要な特徴が現れており，本書にとって非常に興味深いので，少し詳しく紹介しよう．

まず，化学抽象機械の特徴は，並行計算をマルチセットの書き換え系と捉えていることである．マルチセットの要素は，特定の順序に従って並んでいるのではなく，自由に動き回って他の要素と反応することができる．これは，溶液の中の分子が自由に動き回って他の分子と反応することに似ている．

マルチセットの要素は分子と呼ばれるが，分子は適当な代数構造上の項として定義される．分子（項）には，他の分子と反応する能力があるものとないものとがある．反応する能力のある分子はイオンと呼ばれる．

溶液（マルチセット）の温度を上げると，複雑な分子は壊れてばらばらとなってイオンになる．逆に，溶液の温度を下げると，分子が重合してより複雑な分子になる．

さらに，分子の一部には，膜で囲まれた溶液を含めることができる．すなわち，膜によって溶液が階層的な構造を成す．膜には穴が空いていて，膜に囲まれた内部の溶液と外の環境との間で何らかの通信を行うことが可能である．

以上が化学抽象機械の特徴である．このような特徴を持った化学抽象機械の枠組のもとで，パイ計算のもとになった CCS や，それを拡張した各種のプロセス計算が定義されている．以下では，化学抽象機械のより形式的な定義を与えておく．

一つの特定の化学抽象機械 C は，分子と溶液と変換規則を与えることによって定義される．分子は，適当な代数構造の項であり，化学抽象機械ごとにその演算子が定まっている．溶液とは，分子の有限マルチセットであり，分子 $m_1, m_2, \ldots, m_k$ から成る溶液は $\{|m_1, m_2, \ldots, m_k|\}$ と書かれる．溶液は分子とも考えられ，他の分子の部分として現れることができる．演算子 $\{| \ \cdot \ |\}$ は，膜演算子と呼ばれる．

変換規則は次のような形をしている．

$$m_1, m_2, \ldots, m_k \ \rightarrow \ m'_1, m'_2, \ldots, m'_l$$

ここで，m_i や m'_j は分子を表すパターンである．変換規則によって，次のようにして，溶液の間に変換関係 $S \rightarrow S'$ が定義される．

まず，$M_1, M_2, \ldots, M_k, M'_1, M'_2, \ldots, M'_l$ が，変換規則に現れる分子の具体例ならば，

$$\{|M_1, M_2, \ldots, M_k|\} \ \rightarrow \ \{|M'_1, M'_2, \ldots, M'_l|\}$$

と定義される．これが基本的な反応規則である．

反応は溶液の一部分で起きてもよい．すなわち，$S \rightarrow S'$ ならば，任意の溶液 S'' に対して，$S \uplus S'' \rightarrow S' \uplus S''$ が成り立つ．ここで，$\uplus$ はマルチセットの合併の演算である．これは化学規則と呼ぶ．

次に膜規則を導入する．すなわち，$S \rightarrow S'$ ならば，任意の文脈 $C[\ ]$ に対して，$\{|C[S]|\} \rightarrow \{|C[S']|\}$ が成り立つ．ここで文脈とは，穴のあいた分子のことで，文脈 $C[\ ]$ に対して，$C[S]$ は $C[\ ]$ の穴に S を入れた結果を表す．

化学抽象機械によっては，次のエアロック規則を設ける場合もある．エアロックとは，$m \triangleleft S$ という形をした分子である．ここで，m は分子，S は溶液である．エアロックは，次の可逆規則によって生成されたり分解されたりする．

$$\{|m|\} \uplus S \ \leftrightarrow \ \{|m \triangleleft S|\}$$

化学抽象機械の変換規則は 3 種に分類される．加熱規則と冷却規則と反応規則である．これらの区別は多分に気持ちの問題である．基本的に，分子の構造を分解する規則が加熱規則であり，その逆の反応が冷却規則である．加熱規則によってさらに分解できないような分子で，他の分子と反応可能なものをイオンと呼ぶのであった．

4.2　パイ計算

パイ計算 (pi-calculus) は，並行に動作するプロセスたちを記述するための抽象的な計算系である．並行に動作するプロセスは，他のプロセスとチャネルを通して通信を行う．

4.2.1　パイ計算の定義

$\overline{x}\langle y\rangle.P$ という形のプロセスは，チャネル x に y を出力した後，P の記述に従って動作するプロセスを表している．また，$x(z).Q$ という形のプロセスは，チャネル x から入力を行い，その入力結果によって z を置き換えてから，Q の記述に従って動作するプロセスを表す．したがって，プロセス $\overline{x}\langle y\rangle.P$ と $x(z).Q$ を並行に動かすと，両者の間で通信が行われて，プロセス P とプロセス $Q\{z \leftarrow y\}$ が並行に動作を続ける．ここで，$Q\{z \leftarrow y\}$ は Q の中の z を y で置き換えた結果を表している.（正確には，後に説明するように，Q の中の z の自由な出現を y で置き換える.）

プロセス P とプロセス Q が並行に実行されることを，$P|Q$ という式で表す．$P|Q$ もプロセスの一種であり，P と Q の並列合成 (parallel composition) と呼ばれる．すなわち，P と Q を子供として持つ親プロセスを表す．したがって，$\overline{x}\langle y\rangle.P|x(z).Q$ というプロセスは，子供のプロセス同士が通信を行うことによって，$P|Q\{z \leftarrow y\}$ というプロセスに変化する.（後に詳しくみるように，このような過程をプロセスの簡約という.）

演算子 $|$ は可換かつ結合的である．すなわち，$P|Q$ というプロセスと $Q|P$ というプロセスは等価である．また，$(P|Q)|R$ というプロセスと $P|(Q|R)$ というプロセスは等価である．したがって，並行に実行されるプロセスたちは，マルチセットを成すと考えられる．

正式には，以上の等価性は，構造的合同関係 (structural congruence) として定式化される．例えば，束縛される名前を付け換えることによって等しくなるプロセス同士は構造的に合同である．また，パイ計算では何もしないプロセス

を $\mathbf{0}$ と書くが，任意のプロセス P に対して $P|\mathbf{0}$ と P は構造的に合同である．以上の他に，名前の隠蔽に関して構造的合同関係が定義される．

プロセス P に対して，$(\nu x)P$ という形のプロセスは，P の中の名前 x を外から見えなくした結果を表す．P の中の名前 x を，全く新しい名前で置き換えた結果といってもよい．例えば，$\overline{x}\langle y\rangle.P|(\nu x)(x(z).Q)$ というプロセスにおいて，子プロセス $(\nu x)(x(z).Q)$ の名前 x が隠蔽されているので，このプロセスはもう一つの子プロセス $\overline{x}\langle y\rangle.P$ と通信することができない．(ν は new と書かれることもあるが，ここでは元来のパイ計算の記法に従う．)

名前の隠蔽に関して，次のような構造的合同関係が定義される．$(\nu x)(\nu y)P$ と $(\nu y)(\nu x)P$ は合同である．$(\nu x)\mathbf{0}$ と $\mathbf{0}$ は合同である．また，プロセス Q に名前 x が自由に出現しなければ，$(\nu x)(P|Q)$ と $(\nu x)P|Q$ は構造的に合同である．(ただし，$(\nu x)P|Q$ は構文的に $((\nu x)P)|Q$ に等しい．)

ここで，名前の出現に関して，定義をいくつか与えておこう．$x(z).Q$ というプロセスにおいて，名前 z は入力によって置き換わるので，別の名前に置き換えても等価である．すなわち，新しい名前 w を持ってきて，$x(z).Q$ と $x(w).Q\{z \leftarrow w\}$ は構造的に等価である．このような名前 z は，束縛されているという．

パイ計算のプロセスとしては，以上の他に，繰り返しのプロセス，非決定性な選択を表すプロセスなどがある．プロセス P に対して，$!P$ というプロセスは，必要に応じて P のコピーを生成することができるプロセスを表す．また，$P+Q$ というプロセスは，P か Q かを非決定的に選択した後，P もしくは Q の記述に従うプロセスを表す．

上述したように，プロセスの実行は，プロセス間の通信による簡約によって定義される．プロセス P が簡約によってプロセス Q に変化することを，$P \rightarrow Q$ と書く．すなわち，

$$\overline{x}\langle y\rangle.P|x(z).Q \rightarrow P|Q\{z \leftarrow y\}$$

が成り立つ．さらに，このような通信による直接的な簡約を部分的に含むようにして，プロセス間の簡約が定義される．すなわち，$P \rightarrow Q$ ならば $P|R \rightarrow Q|R$ も成り立つと定義する．さらに，$P \rightarrow Q$ ならば $(\nu x)P \rightarrow (\nu x)Q$ も成り立つ．

また，P と P' が構造的に合同であり，Q と Q' が構造的に合同であるとき，

$$
\begin{aligned}
P, Q &::= P|Q \\
&\mid\ !P \\
&\mid\ (\nu x)P \\
&\mid\ M \\[1em]
M &::= \pi.P + M \\
&\mid\ \mathbf{0} \\[1em]
\pi &::= x(y) \\
&\mid\ \overline{x}\langle y\rangle \\
&\mid\ \tau
\end{aligned}
$$

図 4.1　パイ計算の構文

もしも $P \to Q$ ならば，$P' \to Q'$ も成り立つと定義される．

以下では，以上の説明をもとに，パイ計算の定義をきちんとしておこう．ただし，パイ計算にはさまざまな定式化があるので，ここでは§4.3 のもとになっている定式化に従う．図 4.1 にパイ計算の構文を示す．P や Q はプロセスを表す．プロセスはエージェントとも呼ばれる．

図 4.1 における M は，プロセスが演算子 $+$ でつながった構文を表している．より正確には，M は，

$$\pi_1.P_1 + \pi_2.P_2 + \cdots + \pi_n.P_n + \mathbf{0}$$

という形の構文を表している．この構文はチョイス (choice) と呼ばれる．各々の P_i はプロセスである．各々の π_i は，図 4.1 における π によって定義される構文であり，$x(y)$ または $\overline{x}\langle y\rangle$ または τ という形をしている．この構文はアクションと呼ばれる．τ は他のプロセスとの間の入出力を伴わない，プロセスに内部的なアクションを表している．後に§4.3 では，プロセスの遅延を表現するために用いられる．

$$
\begin{aligned}
P &\equiv P' \quad (P \text{ と } P' \text{ は } \alpha \text{ 同値}) \\
P|\mathbf{0} &\equiv P \\
P|Q &\equiv Q|P \\
(P|Q)|R &\equiv P|(Q|R) \\
!P &\equiv P|!P \\
(\nu x)\mathbf{0} &\equiv \mathbf{0} \\
(\nu x)(\nu y)P &\equiv (\nu y)(\nu x)P \\
(\nu x)(P|Q) &\equiv P|(\nu x)Q \quad (x \text{ は } P \text{ に自由に現れない}) \\
\cdots + \pi_i.P_i + \pi_{i+1}.P_{i+1} + \cdots &\equiv \cdots + \pi_{i+1}.P_{i+1} + \pi_i.P_i + \cdots
\end{aligned}
$$

図 4.2 パイ計算の構造的合同関係

x や y や z は名前である．ここで，可算無限個の名前の集合が用意されていると仮定する．可算無限とは，必要ならば新しい名前をいくらでも使うことができる，ということを意味する．x や y や z で名前を表す．

プロセス $x(y).P$ において，名前 y の出現は束縛されている．名前の出現が束縛されていないとき，その出現は自由であるという．

z を新しい名前とする．プロセス P における名前 y の自由な出現を z で置き換えて得られるプロセスを，$P\{y \leftarrow z\}$ によって表す．このとき，プロセス $x(y).P$ とプロセス $x(z).P\{y \leftarrow z\}$ は，α 同値であるという．

α 同値関係は合同関係として定義される．すなわち，プロセス P とプロセス Q の食い違っている部分が α 同値ならば，P と Q も α 同値となる．例えば，P' と Q' が α 同値ならば，$P'|R$ と $Q'|R$ も α 同値である．なお，ある関係が合同関係であるとは，P と Q がその関係を満たせば，任意の文脈 $C[\ ]$ に対して，$C[P]$ と $C[Q]$ もその関係を満たすことをいう．

図 4.2 に，パイ計算の構造的合同関係の定義を示す．この図の規則を用いて $P \equiv Q$ が導出できるとき（そしてそのときに限り），P と Q は構造的に合同であるといい，$P \equiv Q$ のこの関係も上の意味で合同関係となる．定義から，構造的合同関係は α 同値関係を含んでいる．

$$
\begin{array}{l}
(x(y).P+M)|(\overline{x}\langle z\rangle.Q+N) \;\to\; P\{y\leftarrow z\}|Q \\
\tau.P+M \;\to\; P \\
P \;\to\; Q \quad\Longrightarrow\quad P|R \;\to\; Q|R \\
P \;\to\; Q \quad\Longrightarrow\quad (\nu x)P \;\to\; (\nu x)Q \\
P' \;\equiv\; P \;\to\; Q \;\equiv\; Q' \quad\Longrightarrow\quad P' \;\to\; Q'
\end{array}
$$

図 4.3　パイ計算の書き換え規則

図 4.3 に，パイ計算の簡約を定義する書き換え規則を与える．

以上の定式化では，入出力においてやり取りされる名前は一つに限られていた．いわゆる polyadic なパイ計算では，一度の入出力において何個もの名前をやり取りすることができる．一般に，出力のプロセスは，$\overline{x}\langle y_1,\ldots,y_n\rangle.P$ という形をしていて，入力のプロセスは，$x(z_1,\ldots,z_n).Q$ という形をしている．$\overline{x}\langle y_1,\ldots,y_n\rangle.P|x(z_1,\ldots,z_n).Q$ というプロセスは，$P|Q\{z_1,\ldots,z_n \leftarrow y_1,\cdots,y_n\}$ というプロセスに簡約される．$n=0$ でもよい．その場合は，$\overline{x}\langle\rangle.P$ は単に $\overline{x}.P$ と書き，$x().Q$ は単に $x.Q$ と書く．

以下，$z_1,\ldots,z_n$ のような名前の並びを，ベクトルの記法を用いて，$\vec{z}$ などと記する．

$!P$ という形のプロセスを用いる代わりに，プロセス名 X を導入して，X に対して

$$X := P|X$$

という再帰的な定義を与えると，$!P$ の代わりに X を用いることができる．このとき，$X \equiv P|X$ という構造的合同関係も成り立つ．

より一般的に，いくつかの名前 $\vec{z}$ をパラメータとして持つプロセス P に，プロセス名 $X(\vec{z})$ をつけて，

$$X(\vec{z}) := P$$

という定義を与えると，$X(\vec{y})$ という構文をプロセスとして用いることができ，

$$X(\vec{y}) \;\equiv\; P\{\vec{z} \leftarrow \vec{y}\}$$

$$
\begin{array}{l}
x(y).P + M \stackrel{x(y)}{\rightarrow} P \\
\overline{x}\langle z\rangle.Q + N \stackrel{\overline{x}\langle z\rangle}{\rightarrow} Q \\
\tau.P + M \stackrel{\tau}{\rightarrow} P \\
P \stackrel{x(y)}{\rightarrow} P',\ Q \stackrel{\overline{x}\langle z\rangle}{\rightarrow} Q' \quad \Longrightarrow \quad P|Q \stackrel{\tau}{\rightarrow} P\{y \leftarrow z\}|Q \\
P \stackrel{\pi}{\rightarrow} Q \quad \Longrightarrow \quad P|R \stackrel{\pi}{\rightarrow} Q|R \\
P \stackrel{\pi}{\rightarrow} Q \quad \Longrightarrow \quad (\nu x)P \stackrel{\pi}{\rightarrow} (\nu x)Q \\
P' \equiv P \stackrel{\pi}{\rightarrow} Q \equiv Q' \quad \Longrightarrow \quad P' \stackrel{\pi}{\rightarrow} Q'
\end{array}
$$

図 4.4　パイ計算のラベル付き簡約

という構造的合同関係も成り立つ．ここで，$P\{\vec{z} \leftarrow \vec{y}\}$ とは，$\vec{z}$ の中の名前を，対応する $\vec{y}$ の名前で置き換えることを表している．

プロセス名の定義の具体例は§4.2.3 にある．

4.2.2　パイ計算における双模倣関係

パイ計算における双模倣関係は，前項で定義した簡約に対してではなく，以下で導入するラベル付き簡約に対して定義される．これは，プロセスの振舞いを，プロセス内で起こる入出力だけでなく，プロセス外の環境との間の入出力の可能性も含めて，特徴づけようとするためである．

図 4.4 において，パイ計算のラベル付き簡約を定義する．ラベルには $x(y)$, $\overline{x}\langle y\rangle$, τ の 3 種類がある．これらはアクションと呼ばれることもある．ラベル a に対して，ラベル付き簡約 $P \stackrel{a}{\rightarrow} Q$ が定義される．

ラベル付き簡約を用いて，パイ計算の双模倣関係が定義される．**双模倣 (bisimulation)** とはプロセスの間の関係 R であって，以下の条件を満たすものである．

- PRQ かつ $P \stackrel{a}{\rightarrow} P'$ ならば，ある Q' が存在して $Q \stackrel{a}{\rightarrow} Q'$ かつ $P'RQ'$
- PRQ かつ $Q \stackrel{a}{\rightarrow} Q'$ ならば，ある P' が存在して $P \stackrel{a}{\rightarrow} P'$ かつ $P'RQ'$

ある双模倣 R が存在して，PRQ が成り立つとき，P と Q は双模倣的 (bisimilar)，あるいは P は Q に双模倣的であるといい，$P \underline{\leftrightarrow} Q$ と書く．関係 $\underline{\leftrightarrow}$ も

双模倣であり，しかも状態上の双模倣関係のうち最大のものとなる．

τ による簡約はプロセス内部の状態遷移であり，外界から観測できないと考えることができる．この考えに基づく双模倣関係を弱双模倣関係といい，以下のように定義される．これに対して上で定義した双模倣関係は強双模倣関係ともいう．

まず，τ による簡約 $P \xrightarrow{\tau} Q$ を $P \Rightarrow Q$ と書き，P が 0 回以上の τ による簡約により Q に遷移するとき，$P \overset{*}{\Rightarrow} Q$ と書く．さらに，ある P' と Q' が存在して，$P \overset{*}{\Rightarrow} P'$ かつ $P' \xrightarrow{a} Q'$ かつ $Q' \overset{*}{\Rightarrow} Q$ が成り立つとき，$P \overset{*}{\Rightarrow}\xrightarrow{a}\overset{*}{\Rightarrow} Q$ と書く．**弱双模倣 (weak bisimulation)** とはプロセスの間の関係 R であって，以下の条件を満たすものである．

- PRQ かつ $P \overset{*}{\Rightarrow}\xrightarrow{a}\overset{*}{\Rightarrow} P'$ ならば，ある Q' が存在して $Q \overset{*}{\Rightarrow}\xrightarrow{a}\overset{*}{\Rightarrow} Q'$ かつ $P'RQ'$
- PRQ かつ $Q \overset{*}{\Rightarrow}\xrightarrow{a}\overset{*}{\Rightarrow} Q'$ ならば，ある P' が存在して $P \overset{*}{\Rightarrow}\xrightarrow{a}\overset{*}{\Rightarrow} P'$ かつ $P'RQ'$

ある弱双模倣 R が存在して，PRQ が成り立つとき，P と Q は弱双模倣的，あるいは P は Q に弱双模倣的であるといい，$P \underline{\Leftrightarrow} Q$ と書く．関係 $\underline{\Leftrightarrow}$ も弱双模倣であり，しかも状態上の弱双模倣関係のうち最大のものとなる．

4.2.3　パイ計算によるシグナル伝達系の記述

§1.2.1.6 において MAPK シグナル伝達系について簡単に紹介した．RTK-MAPK シグナル伝達系はその具体例であり，以下のように構成されている．

細胞膜では RTK と呼ばれるタンパクが刺激を待っている．このような分子はリセプタと呼ばれる．一般にリセプタに結合する分子はリガンドと呼ばれるが，RTK-MAPK シグナル伝達系においては，GF と呼ばれるタンパクがリガンドとして RTK に結合する．GF は二つの同一のドメインを持ち，リセプタである二つの RTK 分子と細胞外部において結合する．

RTK は細胞内部にチロシン・キナーゼとして働くドメインを持っており，リガンドに結合した RTK は二量体を形成し，細胞内部においてそのチロシン・キナーゼを活性化させ，自分自身のチロシンを含めて，さまざまなターゲットをリン酸化する．

SHC と呼ばれるタンパクは，リン酸化したチロシンを認識して結合する．すると，いくつかのタンパク質間結合が連続して起こり，SHC GRB SOS Ras の複合体が細胞内部において形成される．この複合体内において SOS タンパクが Ras タンパクを活性化し，セリン・スレオニンのキナーゼである Raf を細胞膜へ誘引して，リン酸化し活性化する．すると，Raf から MEK を介して ERK へのリン酸化と活性化の連鎖が起こる．この連鎖は，セリンとチロシンのキナーゼである ERK の活性に到る．活性化された ERK は核に移動し，転写因子である AP などを活性化し，新たな遺伝子の発現を引き起こす．

文献 [28] では，以上で述べた RTK-MAPK シグナル伝達系が，パイ計算を用いてモデル化されている．RTK-MAPK シグナル伝達系は以下のようにフリーのリガンド，RTK，Ras などから成る．

$$\mathrm{RTK\_MAPK\_pathway} := \mathrm{Free\_ligand} \mid \cdots \mid \mathrm{RTK} \mid \mathrm{Ras} \mid \cdots$$

フリーのリガンドは，二つのフリー結合ドメインから成る．

$$\mathrm{Free\_ligand} := \mathrm{Free\_binding\_domain} \mid \mathrm{Free\_binding\_domain}$$

フリー結合ドメインは，*ligand_binding* というチャネルに対して出力を行い，RTK の細胞外ドメインが，このチャネルからの入力を行うことにより，両者の結合が実現される．

$$\mathrm{Free\_binding\_domain} := \overline{\mathit{ligand\_binding}}.\ \cdots$$

$$\begin{aligned}&\mathrm{Extracellular\_domain} :=\\ &\quad \mathit{ligand\_binding}.\ \mathrm{Bound\_Extracellular\_domain} + \mathit{antagonist\_binding}.\ \mathbf{0}\end{aligned}$$

リガンドの結合を阻害する因子があれば，次のようなプロセスとして定義される．

$$\mathrm{Antagonist} := \overline{\mathit{antagonist\_binding}}.\ \mathrm{Bound\_antagonist}$$

RTK は上記の細胞外ドメインに加えて，膜ドメインと細胞内ドメインから成る．これらのドメインはバックボーン（*backbone* というチャネル）を介して通信を行うが，バックボーン自体は外から見えないので，ν で隠蔽する．

$$\mathrm{RTK} := (\nu\, backbone)$$
$$(\mathrm{Extracellular\_domain} \mid \mathrm{Transmembranal\_domain} \mid \mathrm{Intracellular\_domain})$$

同様に，フリーのリガンドにおいても，フリー結合ドメインがバックボーンを共有するように定義することができる．

$$\mathrm{Free\_ligand} := (\nu\, backbone)(\mathrm{Free\_binding\_domain} \mid \mathrm{Free\_binding\_domain})$$

フリー結合ドメインと RTK の細胞外ドメインは，以下のようにして，このバックボーンをやり取りすることができる．

$$\mathrm{Free\_binding\_domain} := \overline{ligand\_binding}\langle backbone\rangle.\ \mathrm{Bound\_ligand}$$
$$\mathrm{Extracellular\_domain} :=$$
$$ligand\_binding(cross\_backbone).\ \mathrm{Bound\_Extracellular\_domain} + \cdots$$

すると，二つの RTK 分子の細胞外ドメインが同一のフリーのリガンドに結合したとき，リガンドの二つのフリー結合ドメインが共有していた同一のバックボーンを（*cross_backbone* として）共有するようになる．以後，二つの RTK 分子はこのバックボーンを介して通信することが可能になる．

以上のように，通信の際にチャネルを渡すことにより，渡されたプロセスのその後の反応に影響を与えることができる．例えば，以下のように，プロセス Binding_domain は，プロセス Active_kinase からチャネル *p_tyr* を受け取り，そのチャネルを通して他のプロセスと通信を行う．これは，Binding_domain が Active_kinase と反応してそのチロシンをリン酸化させ，酸化されたチロシンによって他の結合タンパクと反応することを意味している．

$$\mathrm{Active\_kinase} := \overline{phosph\_site}\langle p\_tyr\rangle.\ \cdots$$
$$\mathrm{Binding\_domain} := phosph\_site(tyr).\ tyr.\ \cdots$$

4.3　確率パイ計算

確率パイ計算は，パイ計算における簡約が確率的に起こるような並行計算系である．

確率パイ計算では，各々のチャネル x に対して，その反応速度 $\rho(x)$ が与えられているとする．$\rho(x)$ は非負の実数で，チャネル x を介した通信の行われやすさを表している．

また，τ アクションの個々の出現にも，その反応速度が与えられているとする．すなわち，パイ計算における $\tau.P$ という形のプロセスは，確率パイ計算では $\tau_r.P$ という形をしていて，この τ の出現には非負の実数 r が反応速度として付加されている．

例えば，文献 [30] には以下のような簡単な例がある．これは，§1.2.1.4 で紹介したオシレータのモデルと考えられる．

$$\mathrm{Gene}(a,b) := \tau_t.(\mathrm{Gene}(a,b)|\mathrm{Protein}(b)) + a.\tau_u.\mathrm{Gene}(a,b)$$
$$\mathrm{Protein}(b) := \bar{b}.\mathrm{Protein}(b) + \tau_d.\mathbf{0}$$

ここで定義されている Gene(a,b) というプロセスは，t で指定された遅延の後に Gene$(a,b)|$Protein(b) というプロセスに簡約されるか，チャネル a から入力を受け取って，$\tau_u.$Gene(a,b) というプロセスに簡約される．前者の場合，自分自身 Gene(a,b) に戻るとともに，Protein(b) というプロセスを生成する．後者の場合，u で指定された遅延の後に自分自身 Gene(a,b) に戻る．u が t に比べて小さい場合，チャネル a からの入力は，Protein(b) の生成を抑制すると考えられる．

Protein(b) というプロセスは，チャネル b へ出力を行った後，自分自身 Protein(b) に戻るか，d で指定された遅延の後に消滅する（$\mathbf{0}$ に簡約される）．

結局，遺伝子 Gene(a,b) は，タンパク b を生成するか，タンパク a を消費する，ということを繰り返す．以上の定義のもとで，例えば，

$$\mathrm{Gene}(a,b)|\mathrm{Gene}(b,c)|\mathrm{Gene}(c,a)$$

というプロセスを実行することができる．このようにして，三つの遺伝子がお互いに依存し合う簡単な遺伝子回路が実現される．

上の例にもあるように，各々の τ アクションの出現には反応速度が指定されている．τ_r というアクションが微小時間 dt の間に起こる確率は rdt であると定義される．したがって，時間 t の間にこのアクションが起こる確率は $1 - e^{-rt}$ である．

同様に，$\overline{x}\langle y\rangle.P$ と $x(z).Q$ というプロセスが，微小時間 dt の間に，チャネル x を介した通信によって $P|Q\{z \leftarrow y\}$ に簡約される確率は，$\rho(x)dt$ と定義される．

以上のようにチャネルに対して反応速度が指定された状況で，例えば，以下のようなプロセスを考えてみよう．

$$(\overline{x}\langle y\rangle.P + \overline{x}\langle y'\rangle.P')|(x(z).Q + x(z').Q')$$

このプロセスは二つの子プロセスから成るが，チャネル x に対する出力も入力も，二つずつの可能性がある．したがって，チャネル x を介した通信の確率は，微小時間 dt の間に $2 \times 2 \times \rho(x)dt$ となる．

上と似ているが，次のようなプロセスを考えてみよう．

$$(\overline{x}\langle y\rangle.P + x(z).Q)|(\overline{x}\langle y'\rangle.P' + x(z').Q')$$

このプロセスにおいても，チャネル x に対する出力と入力は二つずつ可能性がある．しかし，$\overline{x}\langle y\rangle.P$ と $x(z).Q$ の組合せは同じチョイスの中にあるので，これらのプロセスの間の通信は不可能である．同様に，$\overline{x}\langle y'\rangle.P'$ と $x(z').Q'$ の間の通信も不可能である．したがって，上のプロセスにおいて，チャネル x を介した通信の確率は，微小時間 dt の間に $(2 \times 2 - 2) \times \rho(x)dt$ となる．

また，いうまでもないが，プロセス $\tau_r.\overline{x}\langle y\rangle.P$ における $\overline{x}\langle y\rangle$ のように，他のアクションの内側にあるアクションは通信に携わることはできない．したがって，このようなアクションを数える必要はない．

以上をまとめよう．プロセス P が与えられたとき，各々のチャネル x に対して，チャネル x への出力で，チョイスのトップレベルにあるようなものの個数を $\mathrm{Out}_x(P)$ とおく．同様に，チャネル x からの入力で，チョイスのトップレベルにあるようなものの個数を $\mathrm{In}_x(P)$ とおく．さらに，P のすべてのチョイス

M_i に対する $\mathrm{In}_x(M_i) \times \mathrm{Out}_x(M_i)$ の総和を $\mathrm{Mix}_x(P)$ とおく．最後に,

$$\mathrm{Act}_x(P) \;=\; \mathrm{In}_x(P) \times \mathrm{Out}_x(P) - \mathrm{Mix}_x(P)$$

とおく．

なお，$(\nu x)P$ という形のプロセスの内側では名前 x が隠蔽されているので，内側に現れる名前 x は，適当な別の新しい名前 x' に置き換えてから，$\mathrm{Act}_{x'}(P\{x \leftarrow x'\})$ を計算することとする．

また，τ アクションに付加された反応速度 r に対しては，プロセス P の中のチョイスのトップレベルにある τ_r の個数を数える．τ アクションは遅延を表していたので，τ_r の個数を $\mathrm{Delay}_r(P)$ で表す．

θ を，τ アクションに付加された遅延の速度，もしくは，チャネルとする．チャネルとしては，上のように νx の x を置き換えた新しい名前も含む．遅延の速度とチャネルを網羅した結果を，$\theta_1, \ldots, \theta_N$ とする．

そして，プロセス P が与えられたとき，各々の θ_i に対して a_i を定義する．θ_i が遅延の速度 r のときは,

$$a_i \;=\; r \times \mathrm{Delay}_r(P)$$

と定義する．θ_i がチャネル x のときは,

$$a_i \;=\; \rho(x) \times \mathrm{Act}_x(P)$$

と定義する．さらに,

$$a_0 \;=\; \sum_{i=1}^{N} a_i$$

とおく．

ここで，§3.2.2 で述べた Gillespie のアルゴリズムを適用することができる．すなわち，区間 $[0,1]$ の二つの一様乱数 r_1 と r_2 を選び,

$$t \;=\; \frac{1}{a_0} \ln \frac{1}{r_1}$$

とおく．これが次の反応までの時間となる．次に,

$$\sum_{i=1}^{\mu-1} a_i < r_2 a_0 < \sum_{i=1}^{\mu} a_i$$

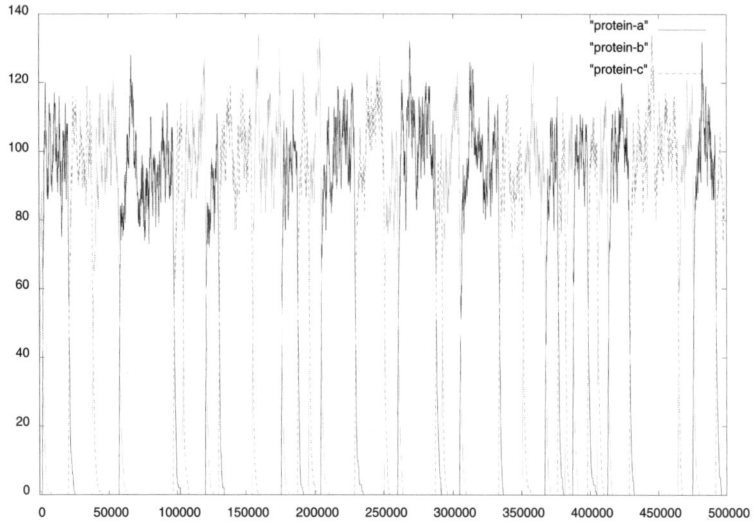

図 4.5　三つの遺伝子の生成するタンパク

を満たす μ を求める．これが次の反応である．すなわち，θ_μ が遅延の速度 r のときは，チョイスのトップレベルにある τ_r を一つランダムに選んでその簡約を行う．θ_μ がチャネル x のときは，チョイスのトップレベルにあるチャネル x に対する（通信可能な）入出力の組をランダムに一つ選び，その入出力による簡約を行う．

文献 [30] では，先の三つの遺伝子の例に対して，

- $\rho(a) = \rho(b) = \rho(c) = 1.0$
- $t = 0.1$
- $d = 0.001$
- $u = 0.0001$

というパラメータによるシミュレーションの結果が報告されている．三つの遺伝子の生成するタンパクの量が振動することが示されている．図 4.5 は，実際に本書の著者が行ったシミュレーションの結果である．

$$
\begin{aligned}
E &::= X = M,\ E \\
&\mid \mathbf{0} \\
M &::= \pi.P + M \\
&\mid \mathbf{0} \\
P &::= X|P \\
&\mid \mathbf{0} \\
\pi &::= \tau_r \\
&\mid\ ?a_r \\
&\mid\ !a_r \\
\texttt{CGF} &::= (E, P)
\end{aligned}
$$

図 4.6 化学基底形の構文

4.3.1 化学基底形

化学基底形 (chemical ground form) とは，確率パイ計算に制限を加えた計算体系である [31]．ある種の化学反応式と同等の記述能力を備え，かつオートマトンの遷移図を利用したグラフィカルな表現を可能にしている点が特徴である．

化学基底形は分子種の定義 E と初期溶液 P との組 (E, P) で表される（図 4.6 の CGF）．分子種の定義 E は $X = M$ という形の式が有限個，カンマで区切られて並べられた形になっており，各々は，分子種 X の振舞いが M で記述される，あるいは，M という振舞いをする分子種に X という名前をつける，ということを表している．E 中では同じ X に対する複数の定義が出現してはならない．なお，末尾の「$,\mathbf{0}$」は省略してもよい．

M は分子と呼ばれ，確率パイ計算のチョイス

$$\pi_1.P_1 + \pi_2.P_2 + \cdots + \pi_n.P_n + \mathbf{0}$$

の形をしている．すなわち，個々の分子種の定義 $X = \pi_1.P_1 + \pi_2.P_2 + \cdots + \pi_n.P_n + \mathbf{0}$ は，分子種 X が $\pi_i.P_i$ のうちいずれかの振舞いをするものであるこ

とを示している．

上記のチョイスにおける選択のされやすさは，確率パイ計算と同様，アクション π_i に結びつけられた反応速度によって指定される．すなわち，各アクションは τ_r, $?a_r$, $!a_r$ のいずれかの形をしているのだが，それらのアクションに結びつけられた正の実数値 r が反応速度を定める．

τ_r は τ アクションと同様，内部の状態遷移，すなわち，自発的な変化を表す．例えば，分子種の定義 $A = \tau_r.B$ は，分子種 A が反応速度 r で他に影響を与えず，また他からの影響も受けずに分子種 B に変化することを表す．これは，化学反応式でいうと

$$A \to^r B$$

に対応する．

この様子は分子種を状態，アクションを遷移とみなしたオートマトンの遷移図によってグラフィカルに表現される（図 4.7）．遷移図においては，状態は丸で，遷移は矢印で示される．

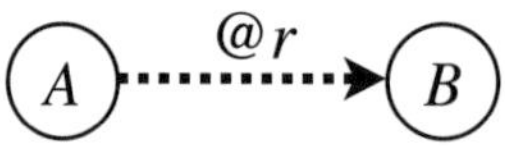

図 4.7　$A = \tau_r.B$ のグラフィカルな表現

入力アクション $?a_r$ と出力アクション $!a_r$ は相補的なアクションで，チャネル a を通して反応速度 r で反応が起こることを表す．例えば，$A = ?a_r.C$ と $B = !a_r.D$ は，A から C への変化が B から D への変化と連動して，反応速度 r で起こることを表す．これは，化学反応式でいうと

$$A + B \to^r C + D$$

に対応する．

これをグラフィカルに表現したのが図 4.8 である．確率的遷移を伴う二つのオートマトンが，相補的なアクションを通して通信しているように見える．この様子を,「対話するオートマトン」(interacting automata) と言い表すことがある．

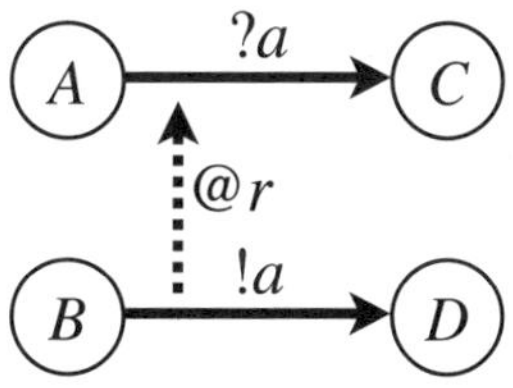

図 4.8 $A = ?a_r.C,\ B = !a_r.D$ のグラフィカルな表現

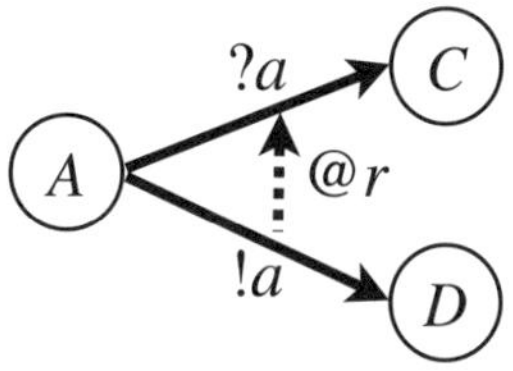

図 4.9 $A = ?a_r.C + !a_r.D$ のグラフィカルな表現

複数のチョイスを含む場合は単一の状態から遷移が複数出ていくことになる．例えば，$A = ?a_r.C + !a_r.D$ の場合は，図 4.9 のようになる．

これは，化学反応式でいうと

$$A + A \to^{2r} C + D$$

に対応する．左辺に A が 2 回現れる分，相補的なアクションの組が二つ出現して反応速度が倍になることと，化学基底形における「+」と，化学反応式における「+」とが全く異なる意味で用いられていることに注意されたい．触媒のように自分自身は変化せず，他に影響を及ぼすような分子種の場合は，自分自身に戻るような遷移も考えられる．

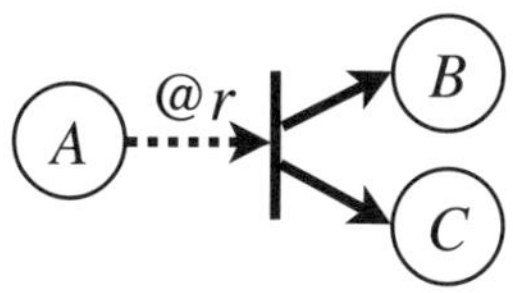

図 4.10 $A = \tau_r.(B|C)$ のグラフィカルな表現

特定のアクション π を経て変化する先は一つの分子種でなくてもよい．例えば，$A = \tau_r.(B|C)$ は分子種 A の分子が反応速度 r で B と C に分裂することを表す．このようにアクションの先に複数の分子種がある場合を分子分割 (molecule splitting) と呼ぶ．分子分割が存在する場合は厳密な意味でオートマトンの遷移図として表現することはできないが，ペトリネットにおけるトランジションに類似した記法を用いることで，図 4.10 のように表現する．ペトリネットの類推を用いると，トランジションの発火により，プレース A のトークンが一つ消費されて，プレース B と C にそれぞれトークンが一つ追加されると考えることができる．

化学基底形 (E, P) における初期溶液 P は $X_1|...|X_n|\mathbf{0}$ という形をしている．同じ分子種が複数回出現してもよい．また，末尾の「$|\mathbf{0}$」は省略可能である．P は分子種のマルチセットを表現しており，これは今考えている系における化学反応の出発点となるものである．

Cardelli は文献 [31] において，化学基底形と基本的な化学反応式による系の間の相互変換規則を与え，それらが連続時間マルコフ連鎖を用いた離散状態（確率的）意味論においても，常微分方程式を用いた連続状態（濃度的）意味論においても等価であることを示した．ただし，系においては化学反応のダイナミクスが濃度にのみ依存し，温度は一定であることを仮定している．ここで，基本的な化学反応式とは，化学反応式のうち，左辺を A，$A+B$，$A+A$ の形に限定したものである．希薄な溶液においては本来的に三つ以上の分子が介在するような反応は物理的にまれであり，見かけ上そのように見える反応は一時的な中間生成物を介在させることで基本的な化学反応式で記述されるというのが，背景にある考え方である．

上に挙げた意味論のうち，化学基底形に対する連続時間マルコフ連鎖を用いた離散状態（確率的）意味論について簡単に述べる．τ アクションについては単独で，通信を伴うアクションについては相補的なアクションを組み合わせた形で，分子種の定義はマルチセット上の確率的な書き換え規則を定めているとみなすことができる．初期状態は初期溶液 P をマルチセットとみなしたもので与えられる．確率的なマルチセット書き換え系は確率ペトリネットと等価なため，§2.4.4 と同様にし，化学基底形で記述した系についても，やはり連続時間マルコフ連鎖を得ることができる．ただし，一般には無限状態上の連続時間マルコフ連鎖となる可能性がある．

確率パイ計算の例として挙げたオシレータのモデルは，パラメータとして含まれているチャネルを固定した形で分子種を与えれば，化学基底形を用いて次のように記述できる．

$$
\begin{aligned}
E := {} & \mathrm{Gene}_{ab} = \tau_t.(\mathrm{Gene}_{ab}|\mathrm{Protein}_b) + ?a_r.\mathrm{Inh}_{ab},\\
& \mathrm{Inh}_{ab} = \tau_u.\mathrm{Gene}_{ab},\\
& \mathrm{Protein}_b = !b_r.\mathrm{Protein}_b + \tau_d.\mathbf{0},\\
& \mathrm{Gene}_{bc} = \ldots,\\
& \ldots\\
P := {} & \mathrm{Gene}_{ab}|\mathrm{Gene}_{bc}|\mathrm{Gene}_{ca}
\end{aligned}
$$

Phillips らによる SPiM (Stochastic Pi Machine)[30] を用いると，化学基底形を含む確率パイ計算の記述から，グラフィカルな表現やシミュレーションの結果を得ることが可能である．図 4.11 は上記のオシレータのモデルに対するグラフィカルな表現の出力例である．グラフの視覚化には Graphviz[32] が用いられている．

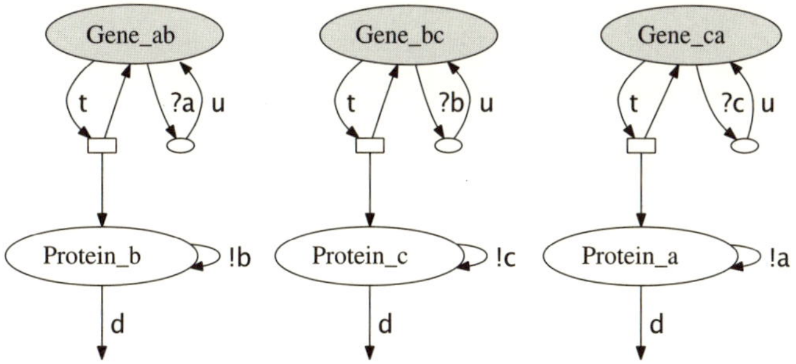

図 4.11　SPiM と Graphviz によるグラフィカルな表現

4.4　アンビエント計算

アンビエント (ambient) とは，計算が起こる「場所」を抽象化した概念である．アンビエント計算 (ambient calculus) は，もともとは，コンピュータ・ネットワーク上における移動計算 (mobile computation) を記述するために定式化された計算系である．本節では，アンビエント計算に対して，細胞などの生物系の記述に適した拡張を行った計算系であるバイオアンビエント計算 (BioAmbients) について紹介する [33].

アンビエントは，その外側と内側を分離する．アンビエントの内側にはプロセスや（子供の）アンビエントが含まれる．すなわち，アンビエントはネストすることができる．そして，アンビエントは全体として移動することができる．アンビエントの内側にあるプロセスがアンビエントの移動を制御する．

$n[P]$ という式は，n という名前（ラベル）を持ち内側に P というプロセスを含むアンビエントを表す．名前 n は省略することができる．アンビエントに含まれるプロセス P は，通信や移動を制御する基本的なプロセスに加えて，子供のアンビエントが並列合成されたものである．したがって，アンビエントは一般に，

$$n[P_1|\cdots|P_p|m_1[\cdots]|\cdots|m_q[\cdots]]$$

という形をしている．ここで，P_i は通信や移動を制御する基本的なプロセスであり，$m_j[\cdots]$ は子供のアンビエント（部分アンビエント）であり，“|” は並列合成の演算子である．

P_i として典型的なものは，$\pi.P$ もしくは $M.P$ という形をしたプロセスである．π は通信を表すアクションであり，M は移動を表すアクションでありケーパビリティ (capability) と呼ばれる．$\pi.P$ という式で表されるプロセスが起動されると，π で指定されたアクションが実行された後，P で表されるプロセスが起動される．$M.P$ という式で表されるプロセスも同様である．

通信を表すアクション π は，$\$n!\{m\}$ もしくは $\$n?\{p\}$ という形をしている．$\$n!\{m\}$ はラベル n のチャネルへラベル m を出力するアクションであり，$\$n?\{p\}$

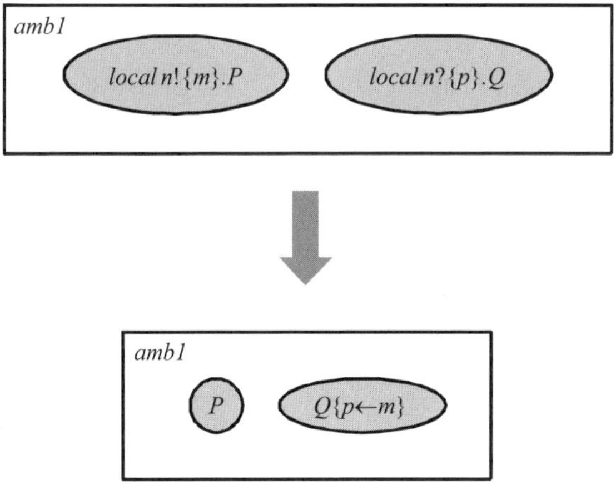

図 4.12 local による通信

はラベル n のチャネルから入力を行い，入力されたラベルで p を置き換えるアクションである．$ は入出力を修飾するキーワードで，*local*，*s2s*，*p2c*，*c2p* のいずれかである．*local* は，同一のアンビエントに含まれるプロセスの間の通信を意味する（図 4.12）．*s2s* は，同一のアンビエントの二つの部分アンビエントに含まれるプロセスの間の通信を意味する（図 4.13）．*s2s* の s は兄弟を意味する sibling の頭文字である．*p2c* は，アンビエントに含まれるプロセスと，そのアンビエントの部分アンビエントに含まれるプロセスの間の通信を意味する（図 4.14）．*p2c* の p は親を意味する parent の頭文字であり，*p2c* の c は子供を意味する child の頭文字である．*c2p* は，*p2c* の逆方向の通信を意味する．

以上で述べた通信は，入力アクションを実行するプロセスと出力アクションを実行するプロセスの間で，同期的に行われる．パイ計算と同様に，このような通信は，プロセスの書き換え規則によって定式化される．図 4.15 に，通信に関する書き換え規則を示す．なお，$Q\{p \leftarrow m\}$ という表記は，パイ計算と同様に，プロセス Q の中のラベル p をラベル m で置き換えた結果を表している．

移動を表すケーパビリティは，*enter* n，*accept* n，*exit* n，*expel* n，*merge*$+n$，*merge*$-n$ のいずれかの形をしている．入出力と同様に，これらは二つずつ組になって用いられ，プロセスの移動は図 4.16 の書き換え規則によって定式化さ

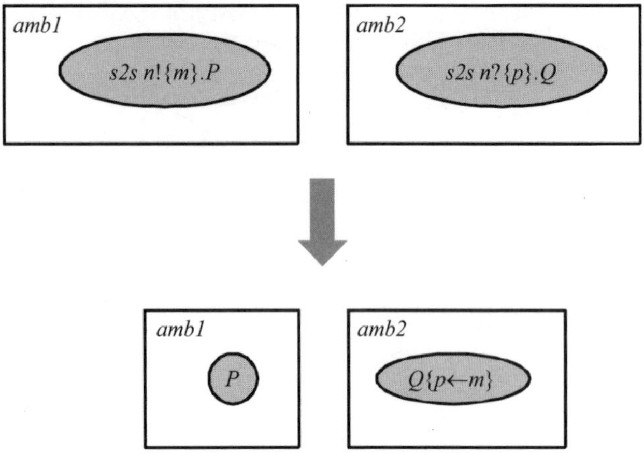

図 **4.13**　**s2s** による通信

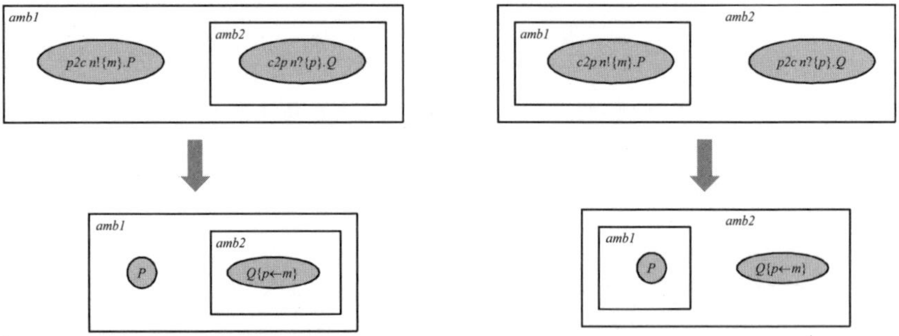

図 **4.14**　**p2c** と **c2p** による通信

れる．図 4.17 と図 4.18 と図 4.19 は，これらの書き換え規則を図示したものである．

パイ計算と同様に，アンビエント計算においても，プロセスの間に構造的合同関係が定義される．アンビエント計算に特有の構造的合同関係としては以下のようなものがある．何もしないプロセス $\mathbf{0}$ に関して，$[\mathbf{0}]$ と $\mathbf{0}$ は構造的に合同である．また，$\nu n[P]$ と $[\nu nP]$ は合同である．

アンビエントの移動を伴う簡単な例として，文献 [33] にある穴のあいた細胞

$$
\begin{aligned}
&amb1[localn!\{m\}.P \mid localn?\{p\}.Q] \;\rightarrow\; amb1[P \mid Q\{p \leftarrow m\}] \\
&amb1[s2s\,n!\{m\}.P] \mid amb2[s2s\,n?\{p\}.Q] \;\rightarrow\; amb1[P] \mid amb2[Q\{p \leftarrow m\}] \\
&amb1[p2c\,n!\{m\}.P \mid amb2[c2p\,n?\{p\}.Q]] \;\rightarrow\; amb1[P] \mid amb2[Q\{p \leftarrow m\}] \\
&amb1[p2c\,n?\{p\}.P \mid amb2[c2p\,n!\{m\}.Q]] \;\rightarrow\; amb1[P\{p \leftarrow m\}] \mid amb2[Q]
\end{aligned}
$$

図 4.15　通信に関する書き換え規則

$$
\begin{aligned}
&m[enter\,c.P \mid Q] \mid n[accept\,c.R \mid S] \;\rightarrow\; n[R \mid S \mid m[P \mid Q]] \\
&n[m[exit\,c.P \mid Q] \mid expel\,c.R \mid S] \;\rightarrow\; m[P \mid Q] \mid n[R \mid S] \\
&m[merge{+}c.P \mid Q] \mid n[merge{-}c.R \mid S] \;\rightarrow\; m[P \mid Q \mid R \mid S]
\end{aligned}
$$

図 4.16　移動に関する書き換え規則

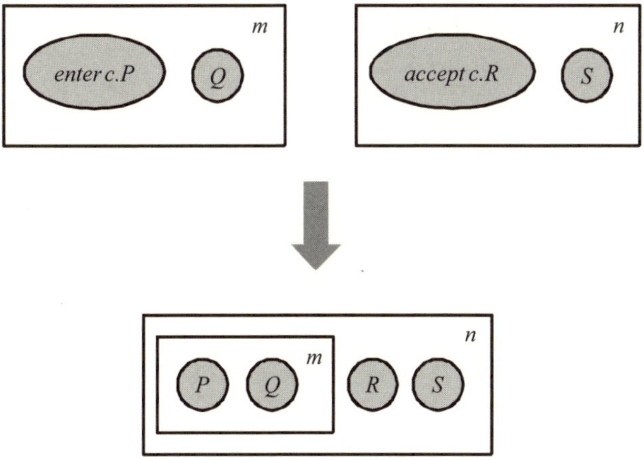

図 4.17　enter と accept による移動

の例を紹介しよう．全体の系は，

$$
molecule[\mathrm{Mol}] \mid \cdots molecule[\mathrm{Mol}] \mid cell[\mathrm{Porin}]
$$

というプロセスとして定義される．$molecule[\mathrm{Mol}]$ は分子を，$cell[\mathrm{Porin}]$ は穴

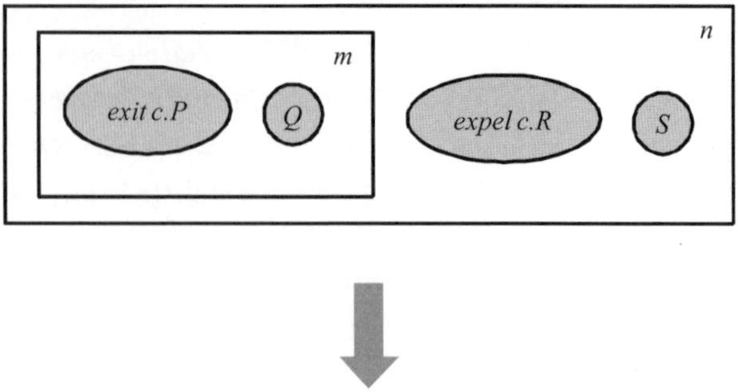

図 4.18　exit と expel による移動

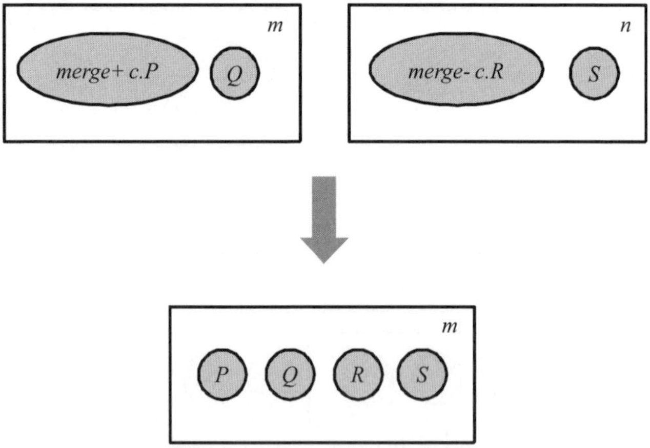

図 4.19　merge による移動

のあいた細胞を表す．プロセス Mol と Porin は以下のように定義される．

$$\mathrm{Mol} := \mathit{enter\ cell1} \ .\ \mathrm{Mol} \ + \ \mathit{exit\ cell2} \ .\ \mathrm{Mol}$$

$$\mathrm{Porin} := \mathit{accept\ cell1} \ .\ \mathrm{Porin} \ + \ \mathit{expel\ cell2} \ .\ \mathrm{Porin}$$

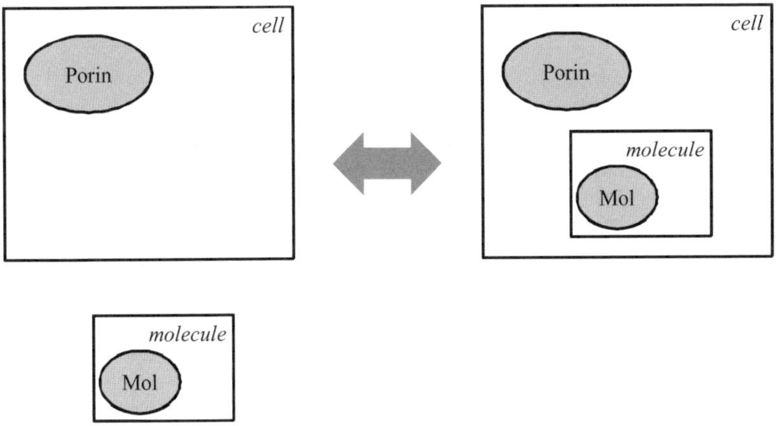

図 4.20　**Porin と Mol の例**

それぞれ，二つのプロセスが + で結ばれたチョイスとして定義されており，どちらが選ばれても，自分自身に戻る．分子が細胞の外にあれば，*enter* と *accept* による移動が行われ，分子が細胞の内にあれば，*exit* と *expel* による移動が行われる（図 4.20）．

近年，膜構造の複雑な変化をより簡潔に記述するために，新たな並行計算系であるブレイン計算 (Brane calculus) が提案されている [34]．ブレイン計算において計算は，膜の中ではなくて，膜の上で起こるとされる．膜は $s(|\cdots$ システム $\cdots|)$ という形をしており，s はブレイン (brane) と呼ばれ，膜のインタラクションを規定する．ブレイン計算では，図 1.13 にあるような膜構造の変化を簡潔に記述することが可能である．

4.5　P システム

P システムは，形式言語理論やオートマトン理論の系譜にある計算系である．P システムには非常に多くのバリエーションがあるが，いずれも階層的な膜構造を有している．すなわち，個々の P システムは有限個の膜から成り，膜の全体は膜の中に膜があるという入れ子の構造を成している．

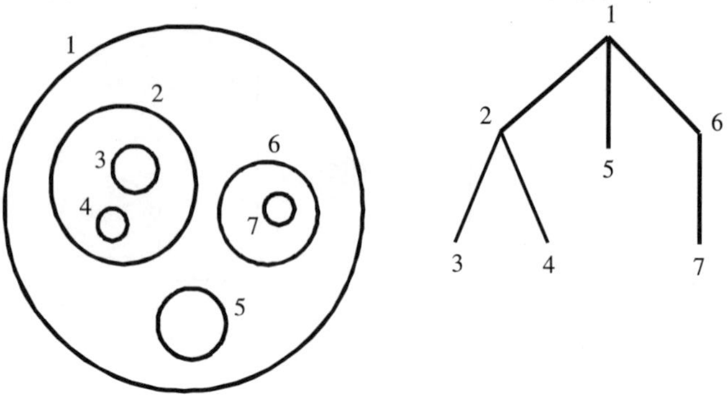

図 4.21　P システムの膜構造

個々の膜で囲まれた領域にはオブジェクトのマルチセットがある．個々の領域のマルチセットは，個々の領域に定義された書き換え規則によって書き換えられる．

一般に，P システムは以下のような構成要素から成り立っている．

- オブジェクトのアルファベット（マルチセットの要素となるオブジェクトの有限集合）
- m 個の膜からなる膜構造
- 各領域におけるマルチセットの初期値
- 各領域における書き換え規則の有限集合
- 出力が取り出される膜（のラベル）

m 個の膜には 1 から m までのラベルがつけられており，それらは入れ子の構造を成す．図 4.21 の左の膜構造には 7 個の膜があり，1 から 7 までの番号がつけられている．それらの入れ子の関係（親子関係）を木構造で表現すると右のようになる．

図 4.22 に P システムの具体例を示す．この P システムは二つの膜 1 と 2 から成る．膜 2 は膜 1 の内側にある．図には明示されていないが，膜 1 から出力が取り出されるとしている．

膜 2 の領域には，初期状態において，オブジェクト c が一つ，オブジェクト a

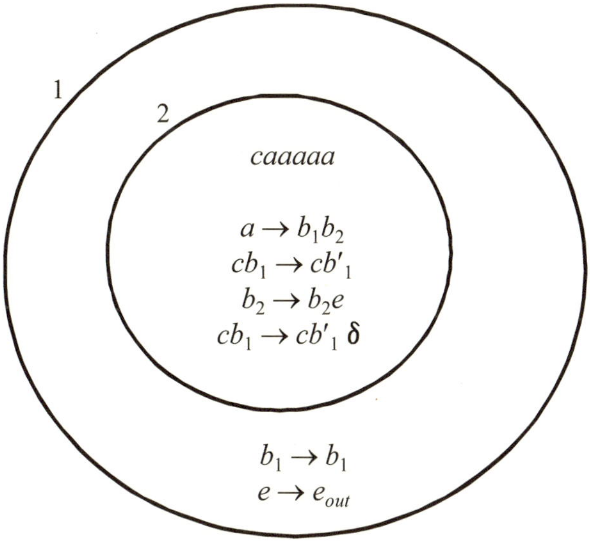

図 4.22 P システムの例

が五つ存在している ($caaaaa$). すなわち，膜 2 の領域には $\{c, a, a, a, a, a\}$ というマルチセットが付加されている．以下では，$\{c, a, a, a, a, a\}$ というマルチセットを簡単に $caaaaa$ と書く．さらに，膜 2 の領域に対しては以下の四つの書き換え規則が付加されている．

$$\begin{array}{rcl} a & \to & b_1b_2 \\ cb_1 & \to & cb'_1 \\ b_2 & \to & b_2e \\ cb_1 & \to & cb'_1\delta \end{array}$$

例えば，最初の $a \to b_1b_2$ という書き換え規則は，一つのオブジェクト a をオブジェクト b_1 とオブジェクト b_2 に書き換えることを指示している．

P システムの多くのバリエーションでは，最大並列 (maximally parallel) と呼ばれる方式で書き換え規則が適用される．これは，独立に適用可能な書き換え規則をすべて同時に適用することを意味する．例えば，$caaaaa$ というマルチセットには五つの a が存在するが，それぞれの a に対して $a \to b_1b_2$ という書き換え規則が独立に適用可能なので，これらの a を同時に書き換えて，$cb_1b_2b_1b_2b_1b_2b_1b_2b_1b_2$ というマルチセットが得られる．

マルチセット $cb_1b_2b_1b_2b_1b_2b_1b_2b_1b_2$ には $b_2 \to b_2e$ という規則が適用可能である．しかも，五つある b_2 のそれぞれに対して独立に適用可能である．さらに，このマルチセットには，$cb_1 \to cb'_1$ という規則と $cb_1 \to cb'_1\delta$ という規則が適用可能である．b_1 は五つあるが，c は一つしかないので，どちらの規則も b_1 と c の一つの組に対してのみ適用可能である．非決定的にどちらの規則を適用することもできるが，ここでは前者の規則を適用しよう．すると，マルチセット $cb_1b_2b_1b_2b_1b_2b_1b_2b_1b_2$ は，$cb'_1b_2eb_1b_2eb_1b_2eb_1b_2eb_1b_2e$ というマルチセットに書き換わる．

マルチセット $cb'_1b_2eb_1b_2eb_1b_2eb_1b_2eb_1b_2e$ に対しても，同様に $b_2 \to b_2e$ と $cb_1 \to cb'_1$ を適用すると，$cb'_1b_2eeb'_1b_2eeb_1b_2eeb_1b_2eeb_1b_2ee$ というマルチセットが得られる．以上の書き換えを繰り返すと，

$$cb'_1b_2eeeeb'_1b_2eeeeb'_1b_2eeeeb'_1b_2eeeeb_1b_2eeee$$

というマルチセットが得られる．

ここで，今度は $b_2 \to b_2e$ と $cb_1 \to cb'_1\delta$ を適用しよう．$cb_1 \to cb'_1\delta$ という書き換え規則は，オブジェクトの書き換えに関しては，$cb_1 \to cb'_1$ と等価である．ただし，最後の δ は，書き換えを行った直後に，膜を消滅させることを意味する．したがって，

$$cb'_1b_2eeeeb'_1b_2eeeeb'_1b_2eeeeb'_1b_2eeeeb_1b_2eeee$$

に $b_2 \to b_2e$ と $cb_1 \to cb'_1\delta$ を適用すると，

$$cb'_1b_2eeeeeb'_1b_2eeeeeb'_1b_2eeeeeb'_1b_2eeeeeb'_1b_2eeeee$$

というマルチセットが得られると同時に膜 2 が消滅する．すると，膜 2 の領域にあったマルチセットが膜 1 の領域に一度に染み出してくる．

膜 1 の領域には $b_1 \to b_1$ という規則と $e \to e_{out}$ という規則が付加されているが，

$$cb'_1b_2eeeeeb'_1b_2eeeeeb'_1b_2eeeeeb'_1b_2eeeeeb'_1b_2eeeee$$

には b_1 が存在しないので，前者の規則は適用できない．後者の規則はオブジェクト e を環境に放出することを意味する．したがって，この規則を各 e に同時に適用すると，25 個の e が環境に放出される．この後，どの規則も適用できなくなるので，P システムは停止する．

規則 $cb_1 \to cb'_1\delta$ の適用が早すぎると，P システムは停止しなくなる．例えば，マルチセット $cb_1b_2b_1b_2b_1b_2b_1b_2b_1b_2$ に $b_2 \to b_2e$ と $cb_1 \to cb'_1\delta$ を適用すると，マルチセット $cb'_1b_2eb_1b_2eb_1b_2eb_1b_2eb_1b_2e$ が得られると同時に膜 2 が消滅する．すると，膜 1 の領域にあった $b_1 \to b_1$ という規則が適用可能になる．この規則はいつまで経っても適用可能で有り続けるので，この P システムは停止しない．

結局，P システムが停止する場合には，25 個の e が環境に放出されることがわかる．一般に，膜 2 に 1 個の c と n 個の a を付加して (ca^n)，この P システムを開始させると，停止したとき n^2 個の e が出力される．

P システムに関しては，計算可能性や計算量に関する分析が詳細に行われている．特に，上述したように，最大並列によって停止する場合にのみ出力が得られると考えたとき，P システムは計算万能であることが知られている．すなわち，万能 Turing 機械による計算は，P システムによってシミュレーションを行うことが可能である．

上の例ではオブジェクトが環境へ出力されたが，規則に従ってオブジェクトが膜を透過するような P システムのバリエーションも存在する．特に，二つ以上の分子が同時に膜を同じ方向に（外へもしくは内へ）透過する規則 (symport) や，ある分子は外側へ，別の分子は内側へ，同時に透過する規則 (antiport) は，細胞の各種の膜を通した物質の移動をモデル化している．

4.6 MARMS

生命の起源における膜生成のモデルとして Luisi が提案し，実験的に実証した Chemical Autopoiesis[36] を基に，ARMS に膜構造を導入したモデルが MARMS (Membrane ARMS) である [37].

具体的には MARMS はマルチ集合のツリー上でのマルチ集合書き換え系で

あり，反応槽がルート（根），膜生成と消滅がリーフ（葉）の生成と消滅に対応し，各々のマルチ集合での反応による膜生成と消滅によりツリー構造が動的に変化していく．

MARMS を用いて P53 シグナル伝達系のモデル化が行われている [38]．このモデルでは膜の生成と消滅は行われず，細胞質をルート，核をリーフとして細胞をマルチ集合のツリーとして細胞が表現されている．

第5章

場におけるモデル

本章では，状態遷移系（状態機械）が，何らかの位相構造を持つ場の中に分散して存在するようなさまざまな計算モデルについて紹介する．

セル・オートマトン (cellular automata) はその代表的なものである．一次元や二次元の格子空間の各格子点にオートマトン（状態機械）がおかれている．各オートマトンは有限個の状態のうちの一つを現在の状態としており，その次の状態は，オートマトン自身の現在の状態と，隣接する格子点におかれたオートマトンの現在の状態とから定まる．次の状態を定める規則は，すべてのオートマトンにおいて一様である．また，すべてのオートマトンは同期して状態を遷移させる．(非同期のオートマトンを定義することもできるが.)

以上のようなセル・オートマトンは，状態は有限個であるので，いうまでもなく離散的である．空間も格子点の集合として離散的に広がっている．そして，すべてのオートマトンが同期して状態遷移を行うので，時間も離散的であると考えられる．したがって,「状態=離散，空間=離散，時間=離散」という計算モデルとして分類することができる．

本章では，状態・空間・時間という三つの軸について，各々の軸が離散的か連続的かという観点から，計算モデルの分類を行いつつ，各分類における計算モデルの事例について説明しよう．

状態に関しては，離散的な側面と連続な側面の融合した（ハイブリッドな）オートマトンを考えることができる．このような計算モデルについては次章において，具体的な事例（特に生物系の事例）とともに説明するが，一般に，連続的な状態量を許す場合には，離散的な側面も含めてハイブリッドな状態を考えることができる．

5.1　状態＝離散，空間＝離散，時間＝離散

本節では，状態・空間・時間すべてが離散的である計算モデルについて紹介する．このようなモデルは，空間の構造によってさらに分類することができる．まず，空間が規則正しく格子状に広がっているセル・オートマトンについて簡単に述べる．次に，格子状でない空間をグラフと捉え，グラフを状態とする遷移系であるグラフ書き換え系の紹介を行う．

5.1.1　セル・オートマトン

直前で述べたように，一次元や二次元の格子点に有限状態のオートマトンがおかれた計算モデルが，セル・オートマトン (cellular automata) である [39].

最も基本的なセル・オートマトンは，一次元の格子点に二状態のオートマトンがおかれたものである．一次元の格子点とは整数に他ならない．すなわち，各整数に二つの状態を持つオートマトンが対応する．二つの状態を 0 と 1 で表す．すると，セル・オートマトン全体のある時点における状況は，整数の全体 $\mathbb{Z}$ から $\{0,1\}$ への関数 ($\mathbb{Z} \to \{0,1\}$) と考えることができる．ここで，各オートマトンの状態 (state) と対比して，セル・オートマトン全体の状態に対しては，状況 (configuration) という言葉を使うことにする．また，各格子点（すなわち整数）を，その格子点に対応するオートマトンも込めて，セル (cell) と呼ぶ．

個々のセルの次の状態は，そのセル自身の状態と左右のセルの状態から定まるとしよう．このようなセル・オートマトンを，エレメンタリ・セル・オートマトン (elementary cellular automata) という．

エレメンタリ・セル・オートマトンにおいては，各セルの状態は 0 か 1 なので，自分と左右の状態の組合せは 2^3 通りである．例えば，011 で，左のセルの状態が 0，自分の状態が 1，右のセルの状態が 1 であることを表そう．すると，000 から 111 までの 8 通りの組合せに対して，セルの次の状態 0 か 1 を定めれば，エレメンタリ・セル・オートマトンが定まる．

エレメンタリ・セル・オートマトンの例として，次のような規則のものが有名である．

$111 \to 0 \;\; 110 \to 1 \;\; 101 \to 1 \;\; 100 \to 0 \;\; 011 \to 1 \;\; 010 \to 1 \;\; 001 \to 1 \;\; 000 \to 0$

この規則における次の状態を順に読むと 01101110 となる．01101110 を二進数と考えると，十進数の 110 になる．これを，このセル・オートマトンの Wolfram 番号 (Wolfram number) という．

000 から 111 までの 8 通りの組合せに対して，0 か 1 を対応させるやり方は，2^8 通りである．したがって，以上のように，エレメンタリ・セル・オートマトンには，0 から 255 までの Wolfram 番号がつけられる．

エレメンタリ・セル・オートマトンの例（Wolfram 番号は 184）をもう一つあげよう．

$111 \to 1 \;\; 110 \to 0 \;\; 101 \to 1 \;\; 100 \to 1 \;\; 011 \to 1 \;\; 010 \to 0 \;\; 001 \to 0 \;\; 000 \to 0$

このセル・オートマトンは，自動車などの渋滞のモデルになっている．道路が適当な区間に分割されているとする．各区間には自動車が 1 台だけ存在することができる．各自動車は，自分のいる区間の前（図では右）の区間に，そこに自動車が存在しなければ，進むことができる．図 5.1 に，このセル・オートマトンが時間的に発展する例を示す．いうまでもなく，横方向が空間の広がりを表し，縦方向に上から下へ時間が流れている．空間の左右で図に入っていない部分には 0 が続いている．

このオートマトンでは，全体の遷移の前後で，全体の 1 の数が変化しないことに注意しよう．このことは，オートマトンの定義から明らかであるが，セルの遷移を与える関数 $f(x, y, z)$ が，

$$f(x, y, z) = y + g(x, y) - g(y, z)$$

と書けることから厳密に示される．ここで，$f(x, y, z)$ は，左のセルの状態 x と自分の状態 y と右のセルの状態 z から，自分の次の状態を与える関数である．$g(x, y)$ は，1 の「流れ」を表す関数であり，以下のように定義される．

```
0010101010101010110111011110111110000000000000000000000000
0001010101010101101110111101111101000000000000000000000000
0000101010101011011101111011111010100000000000000000000000
0000010101010110111011110111110101010000000000000000000000
0000001010101101110111101111101010101000000000000000000000
0000000101011011101111011111010101010100000000000000000000
0000000010110111011110111110101010101010000000000000000000
0000000001101110111101111101010101010101000000000000000000
0000000001011101111011111010101010101010100000000000000000
0000000000111011110111110101010101010101010000000000000000
0000000000110111101111101010101010101010101000000000000000
0000000000101111011111010101010101010101010100000000000000
0000000000011110111110101010101010101010101010000000000000
0000000000011101111101010101010101010101010101000000000000
0000000000011011111010101010101010101010101010100000000000
0000000000010111110101010101010101010101010101010000000000
0000000000001111101010101010101010101010101010101000000000
0000000000001111010101010101010101010101010101010100000000
0000000000001110101010101010101010101010101010101010000000
0000000000001101010101010101010101010101010101010101000000
0000000000001010101010101010101010101010101010101010100000
0000000000000101010101010101010101010101010101010101010000
0000000000000010101010101010101010101010101010101010101000
0000000000000001010101010101010101010101010101010101010100
```

図 5.1　渋滞のセル・オートマトン

$$
g(x,y) \;=\; \begin{cases} 1 & (x=1 \;\; \text{かつ} \;\; y=0) \\ 0 & (\text{その他}) \end{cases}
$$

先に，エレメンタリ・セル・オートマトンの最初の例として与えた 110 番のオートマトンは，特別な意味を持っている．このオートマトンにおける状態遷移は，噛み砕いて述べると，次のような規則によって与えられる．

- 1 は，1 に挟まれた場合に 0 になる．
- 0 は，右に 1 がある場合に 1 になる．

このオートマトンの時間発展は図 5.2 のようになる．左右どちらの図も，一つのセルだけが 1 の状態にある状況からの時間発展を示している．

図 5.2 からもわかるように，このセル・オートマトンは非常に複雑な振舞いを呈する．実は，このオートマトンは，ある意味で計算万能であることが知られている．すなわち，万能 Turing 機械による計算は，セル・オートマトンによってシミュレーションを行うことが可能である．ただし，万能 Turing 機械の個々の初期状況に対して，適当な無限の繰り返しを含むセル・オートマトンの初期状況が対応する．

二次元のセル・オートマトンも，一次元と同様にして定義することができる．いうまでもなく，二次元のセル・オートマトンでは，二次元の各格子点にオー

```
00000000000000000000000010
00000000000000000000000110
00000000000000000000001110
00000000000000000000011010
00000000000000000000111110
00000000000000000001100010
00000000000000000011100110
00000000000000000110101110
00000000000000001111111010
00000000000000011000001110
00000000000000111000011010
00000000000001101000111110
00000000000011111001100010
00000000000110001011100110
00000000001110011110101110
00000000011010110011111010
00000000111111110110001110
00000001100000011110011010
00000011100000110010111110
00000110100001110111100010
00001111100011011100100110
00011000100111110101101110
00111001101100011111111010
01101011111100110000001110
```

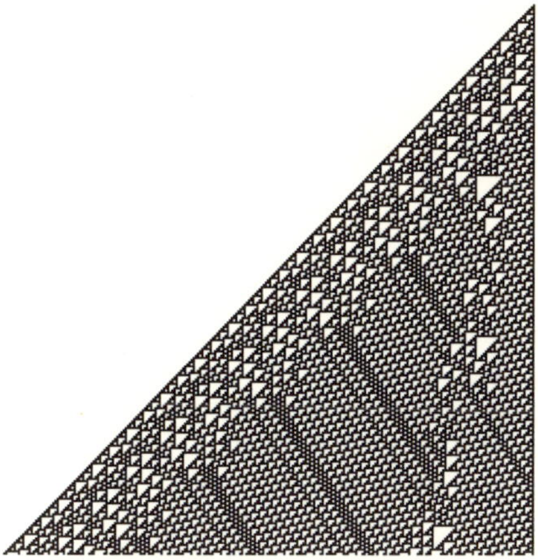

図 5.2 110 の時間発展

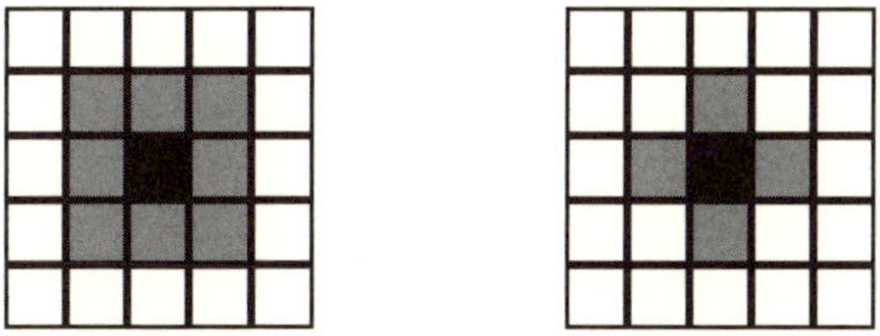

図 5.3 Moore 近傍と von Neumann 近傍

トマトンが置かれる．各セルの状態は，自分自身に加えて，その上下左右のセル，さらに，斜め右上，斜め左上，斜め左下，斜め右下の九つのセルの状態から定まる．このような九つのセルの集合は，中心のセルの Moore 近傍と呼ばれている．また，自分自身とその上下左右のセルからなる五つのセルの集合は，中心のセルの von Neumann 近傍と呼ばれている（図 5.3）．

二次元のセル・オートマトンとして最も著名なのは，Conway のライフ・ゲームであろう．ライフ・ゲームの遷移規則は極めて単純である．

- 自分の状態が 0 であるとき，Moore 近傍における 1 の数が，4 個であるとき，自分の次の状態が 1 となる．
- 自分の状態が 1 であるとき，Moore 近傍における 1 の数が，自分を除いて，

3 個または 4 個であるとき，自分の次の状態は 1 であり続ける．
- その他の場合，次の状態は 0 となる．

ここで，化学反応に関連したセル・オートマトンの例として，Adamatzky らによって提案されたセル・オートマトンを紹介しよう [40]．セルは二次元の格子点にあり，0 か 1 を状態として取る．セルの状態遷移の規則は以下のようである．

- セルの状態が 0 であるとき，その Moore 近傍のセルのうちで，状態 1 のものの数が 1 以上 4 以下ならば，セルは 1 の状態に遷移する．
- セルの状態が 0 であっても，上の条件が満たされなければ 0 のまま．
- セルの状態がいったん 1 になると，ずっとそのまま．

以上のように状態遷移の規則を設定して，セルのいくつかを状態 1 に初期化し，残りのセルの状態は 0 とすると，状態 1 に初期化されたセルを種にして，状態 1 のセルが二次元上に次第に広がっていく．ところが，そのような広がりが出会うところでは，上の 2 番目の規則によって，セルの状態は 0 のままに留まる．したがって，このセル・オートマトンを用いて，Voronoi 図 (Voronoi diagram) を求めたり，輪郭図からその骨組 (skeleton) を求めたりすることができる．

Adamatzky らは，実際に二次元の場における化学反応を用いて，以上のような計算を行うことに成功している．実際の化学反応では，ある分子の生成が伝搬するとともに，それに遅れて別の分子の沈澱が起こる．ただし，最初の分子の伝搬が出会うと反応がストップする．Adamatzky らは，このような反応を次のようなセル・オートマトンによってモデル化している．これを反応拡散オートマトンという．セルの状態は 0，1，2 のいずれかである．状態 1 は沈澱に対応する．状態 2 が最初の分子の生成を表す．

- セルの状態が 0 であるとき，その Moore 近傍のセルのうちで，状態 2 のものの数が 1 以上 4 以下ならば，セルは 2 の状態に遷移する．
- セルの状態が 2 であるとき，その Moore 近傍のセルのうちで，状態 2 のものの数が，自分を除いて，4 以下ならば，セルは 1 の状態に遷移する．
- セルの状態がいったん 1 になると，ずっとそのまま．

- 以上の場合以外は，0 に遷移するか 0 のまま．

格子ガス・オートマトン (lattice gas automata, LGA) は，セル・オートマトンの一種であり，特に流体のシミュレーションをその目的としている．正方格子のガス・オートマトンの場合，各セルには最大で五つの粒子が存在することができる．各粒子は上下左右のいずれかの速度を持つか，速度が 0 である．

各時間ステップにおいて，伝播と衝突の二つのプロセスが実行される．伝播のプロセスでは，各粒子はその速度に従って隣の格子に移動するか，速度が 0 の場合はそのセルに留まる．衝突のプロセスにおいては，同じセルに存在する粒子同士が衝突し，適当な規則に従ってその速度を変化させる．ただし，上下左右の速度を持つ粒子は高々一つであり，速度が 0 の粒子も高々一つになるように速度を定める．また，質量や運動量が保存されるように規則を工夫する．

格子ガス・オートマトンによるシミュレーションを用いて，流体の密度や運動量などのマクロな状態量を求めることが可能である．離散的なシミュレーション自体には誤差がなく，並列コンピュータを用いた高速計算も可能である．ただし，離散化による誤差は大きいため，大きな領域で状態量を平均する必要がある．

以上で述べたセル・オートマトンは同期的なものであり，各セルの状態の更新は同期して行われる．これに対して，非同期のセル・オートマトンを定義することができる．すなわち，セルの更新は同期せずにランダムに行われる．同じ規則のセル・オートマトンであっても，同期的なものと非同期のセル・オートマトンでは，その振舞いが大きく異なる場合があることが知られている．

以上の他，山下らの組み立て式のロボット (swarm) のモデル [42] も，この種類の計算モデルである．

5.1.2 超離散化

§5.3.1 で述べる偏微分方程式の離散化では，空間と時間のみが離散化される．本節では，状態，空間，時間のすべてを同時に離散化することにより，状態，空間，時間が連続的な状態遷移系から，状態，空間，時間が離散的な状態遷移系を得る方法について解説する．この方法は超離散化 (ultradiscretization) と呼ばれている．

例えば，拡散方程式の最も簡単な場合である一次元の熱伝導方程式

$$\frac{\partial u}{\partial t} = \frac{\partial^2 u}{\partial x^2}$$

を考えよう．u を空間方向に Δx によって離散化し，時間方向に Δt によって離散化した結果を u_j^n によって表す．n は時間方向のインデックスであり，j は空間方向のインデックスである．すると，Euler 法によって，

$$u_j^{n+1} = u_j^n + (\Delta t/\Delta x^2)(u_{j-1}^n - 2u_j^n + u_{j+1}^n)$$

という差分方程式が得られる．

以上のように，通常の離散化では，状態を表す u_j^n は連続量のままである．

ここで，常に $u_j^n \le u_{j+1}^n$ であるという状況を考え，$u_j^n = u_{j+1}^n$ であるか，それとも，$u_j^n < u_{j+1}^n$ であるかに着目する．さらに，拡散の状況を次のように単純化して考える．例えば，$u_{j-1}^n < u_j^n = u_{j+1}^n$ であるとき，u_j^n には左への拡散はあるが，右からの拡散はないので，$u_{j-1}^{n+1} = u_j^{n+1} < u_{j+1}^{n+1}$ となると考える．このことを模式的に表すと，

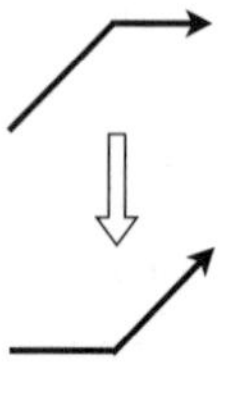

となる．

$u_j^n = u_{j+1}^n$ であるとき $V_j^n = 0$，$u_j^n < u_{j+1}^n$ であるとき $V_j^n = 1$ と定義すると，上の場合は，$V_{j-1}^n = 1$ かつ $V_j^n = 0$ であるとき，$V_{j-1}^{n+1} = 0$ かつ $V_j^{n+1} = 1$ となることを意味する．

以上の非常に乱暴な議論は，次のように理由づけることができる．このような理由づけは，時間と空間だけでなく，状態量まで離散化されるという意味で，超離散化と呼ばれている．

まず，

$$v_j^n = \frac{1}{\Delta x}\frac{u_{j+1}^n}{u_j^n}$$

という量を定義する．次に，上の差分方程式を，v_j^n を用いて表現する．

$$v_j^{n+1} = v_j^n \frac{1 - \dfrac{2\Delta t}{\Delta x^2} + \dfrac{\Delta t}{\Delta x^2}\left(\dfrac{1}{v_j^n \Delta x} + v_{j+1}^n \Delta x\right)}{1 - \dfrac{2\Delta t}{\Delta x^2} + \dfrac{\Delta t}{\Delta x^2}\left(\dfrac{1}{v_{j-1}^n \Delta x} + v_j^n \Delta x\right)}$$

右辺の分母は u_{j+1}^n をかけると差分方程式の右辺の形になるので，対応する左辺の u_{j+1}^{n+1} に等しくなる．同様に分子は u_j^n をかけると u_j^{n+1} に等しい．よって右辺は全体として v_j^{n+1} に等しい．

そして，$\epsilon > 0$ を用いて，

$$v_j^n = \exp\left(\frac{V_j^n}{\epsilon}\right)$$

とおき，Δx と Δt は，以下の条件を満たすとする．

$$\Delta x^2 = \exp\left(-\frac{1}{\epsilon}\right)$$

$$\frac{\Delta x^3}{\Delta t} - 2\Delta x = \exp\left(-\frac{1}{\epsilon}\right)$$

すると，$\epsilon \to +0$ の極限において，

$$\lim_{\epsilon \to +0} \epsilon \log\left(\exp\left(\frac{A}{\epsilon}\right) + \exp\left(\frac{B}{\epsilon}\right)\right) = \max(A, B)$$

という公式より，

$$V_j^{n+1} = V_j^n - \min(1, V_{j-1}^n, 1 - V_j^n) - \min(1, V_j^n, 1 - V_{j+1}^n)$$

が成り立つ．

初期状態において $V_j^n = 0$ か $V_j^n = 1$ が成り立つと，以後，常に $V_j^n = 0$ か $V_j^n = 1$ が成り立つ．したがって，V_j の時間発展は，上の規則に基づくセル・オートマトンと考えることができる．

実際に，上の規則は，184 番のエレメンタリ・セル・オートマトン，すなわち，渋滞のセル・オートマトンの規則に一致している．

5.1.3　タイルの自己集合

本項では，非同期のセル・オートマトンの一種として，TAM(Tile Assembly Model) と呼ばれるモデルについて紹介する [43]．これは，タイルの自己集合 (self-assembly) のモデルであり，実際に DNA 分子を用いて作成されたタイルを自己集合させることが可能であり，自己集合はナノスケールの構造を作る技術として確立しつつある．

まず，有限種類のタイルが用意されているとする．すなわち，T をタイルの種類の有限集合とする．各セルの状態は，タイルがないか，T のいずれかのタイルがあるか，である．タイルがないことを ϵ で表すと，各セルの状態は，$T \cup \{\epsilon\}$ の要素となる．

$U_2 = \{\langle 1,0\rangle, \langle 0,1\rangle, \langle -1,0\rangle, \langle 0,-1\rangle\}$ とおく．

タイル $t \in T$ と $u \in U_2$ に対して，$\mathit{color}(t,u) \in C$ が定義されている．C は色の有限集合であり，例えば，$\mathit{color}(t,\langle -1,0\rangle) = c$ とは，タイル t の左辺の色は c であることを意味する．さらに，色 $c \in C$ に対して，$\mathit{strength}(c) \in \mathbb{N}$ が定義されている．$\mathbb{N}$ の要素である自然数は，その色の辺同士が結合するときの結合力を表している．

タイルの自己集合過程における状態 S とは，$T \cup \{\epsilon\}$ の要素をセルの状態とするセル・オートマトンの状態に他ならない．すなわち，セル・オートマトンの状態 S とは，各格子点 $v \in \mathbb{Z} \times \mathbb{Z}$ に対して，$S(v) \in T \cup \{\epsilon\}$ を定める関数である．S に対して，

$$\mathrm{dom}\, S \;=\; \{v \in \mathbb{Z} \times \mathbb{Z} \mid S(v) \neq \epsilon\}$$

とおく．

タイルの自己集合は，連結したタイル集合から始まる．これを種 (seed) という．連結したタイル集合とは，セル・オートマトンの状態 S であって，$\mathrm{dom}\, S$ の任意の格子点から $\mathrm{dom}\, S$ の任意の格子点へ，$\mathrm{dom}\, S$ の格子点を経由しながら上下左右の移動を繰り返して到達できるようなもののことである．

連結したタイル集合 S があったとき，これに新たなタイルが追加されることによって，タイル集合が成長する．これがセル・オートマトンの非同期な遷移

である．いま，格子点 v に対して，$S(v) = \epsilon$ とする．格子点 v にタイル t を追加できる条件は以下のようである．

$$\sum_{u \in U_2, v-u \in \mathrm{dom}\, S, color(S(v-u),u)=color(t,-u)} strength(color(t,-u)) \ \geq\ \tau$$

ここで，$\tau \in \mathbb{N}$ は温度 (temperature) と呼ばれるパラメータである．

以上の条件が満たされるとき，格子点 v へのタイル t の追加により，以下のようなタイル集合 S' が得られる．

$$S'(v') \ = \ \begin{cases} t & (v' = v) \\ S(v') & (v' \neq v) \end{cases}$$

S' も連結したタイル集合になる．

TAM の具体例としては，Sierpinski の三角形がよく参照される．Sierpinski の三角形は 7 種類のタイルによって生成することが可能である．図 5.4 に (a)–(g) の 7 種類のタイルが示してある．(a) の上辺および (b) の上辺と下辺は同じ色であり，強さは 2 とする．同様に，(a) の右辺および (c) の左辺と右辺は同じ色であり，強さは 2 とする．1 と指定された辺は同じ色であり，強さは 1 とする．同様に，0 と指定された辺は同じ色であり，この強さも 1 とする．

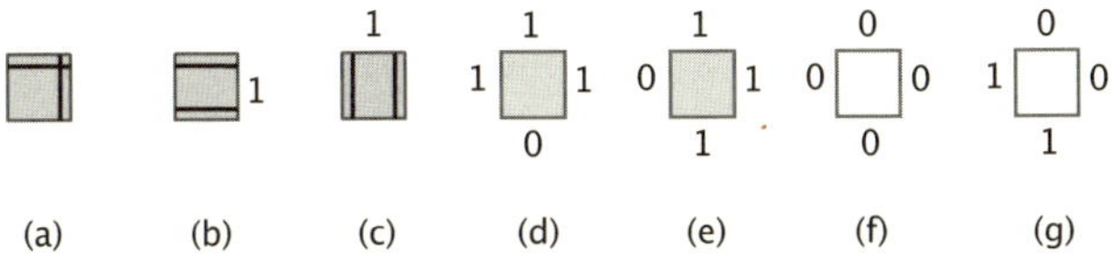

図 5.4　Sierpinski の三角形を生成するタイル

温度 2 において，(a) のタイル一つを種として自己集合を行うと，図 5.5 に示すように Sierpinski の三角形が生成される．(a)–(e) のタイルは 1 を表し，(f) と (g) のタイルは 0 を表している．

5.1.4　グラフ書き換え系

セル・オートマトンのセルは，自分に隣接するセルの状態に依存して状態遷移を行う．隣接するセルとは，一次元のエレメンタリ・セル・オートマトンの

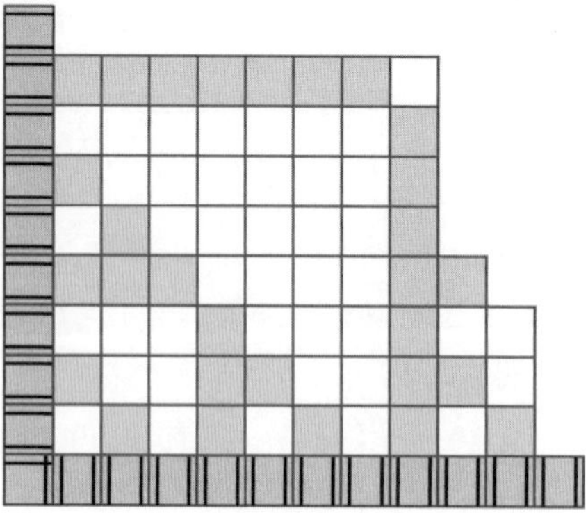

図 5.5　Sierpinski の三角形の生成

場合は，左右のセルであり，ライフ・ゲームの場合は，Moore 近傍にあるセルである．セルとその隣接するセルは,「隣接する」という関係によって結ばれている．この関係によって，セルをノードとするグラフが得られる．

一般に，グラフ（もしくは有向グラフ）は，ノード（節点もしくは頂点）の集合とエッジ（辺もしくは矢）の集合から成る．エッジは，ノードとノードを結ぶもので，エッジに方向があるグラフを有向グラフという．エッジにはラベルがつけられる場合もある．ノードにもラベルがつけられる．

あるノードとそのノード自身を結ぶエッジのことを（自己）ループという．また，相異なるノード間に複数のエッジがある場合，それらを多重エッジと呼び，その個数を多重度という．ループも多重エッジもないようなグラフのことを単純グラフ (simple graph) と呼ぶ．

状態遷移系を表す状態遷移図は有向グラフの典型例である．ただし，状態遷移系においては，各ノードが状態を表し，エッジを辿ることによって現在の状態が遷移するが，本節では，グラフ全体が一つの状態を表現しており，そのようなグラフが変化することにより，状態が遷移する計算モデルを考えている．

すなわち，グラフ書き換え系 (graph rewriting system) とは，図 5.6 にあるようなグラフ書き換え規則の集合による計算モデルである [44, 45]．グラフ書き換え規則は書き換え前のグラフと書き換え後のグラフから成る．

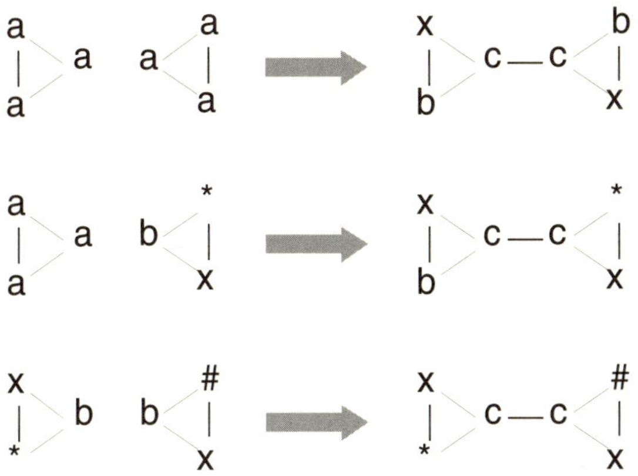

図 5.6　グラフ書き換え規則

与えられたグラフに対してグラフ書き換え規則の一つが適用され，グラフが書き変わることにより状態が遷移する．このとき，グラフ書き換え規則の左辺が与えられたグラフの一部とマッチされ，その部分がグラフ書き換え規則の右辺に置き換わる．

図 5.6 において，a や b や c はノードにつけられたラベルである．図 5.6 の 2 番目の規則は，*を b に置き換えた規則と，*を c に置き換えた規則の二つを便宜的に表現している．同様に，3 番目の規則は，*を b か c に，#を b か c に置き換えて得られる四つの規則を便宜的に表現している．これらの規則を用いて実際に行ったグラフ書き換えの例が図 5.7 に示されている．三つのノードから成る小さなグラフが次第に組み合わさって大きなグラフを形成していく．この過程は，三角形のブロックが組み合わさっていく様子を表している．ただし，三つのノードのグラフの周りに描かれた三角形は，計算モデルの一部ではない．

グラフ書き換え系を少し厳密に定義しよう．ラベル付きグラフ (labeled graph) とは，三つ組 $G = \langle V, E, l \rangle$ のことである．V はノードの集合である．l は V から Σ への関数で，ラベル付け関数 (labeling function) と呼ばれる．Σ はラベルの集合である．ノード x のラベル $l(x)$ は，x の状態と捉えることができる．

無向グラフの場合，エッジは V の二つの要素の集合である．有向グラフの場

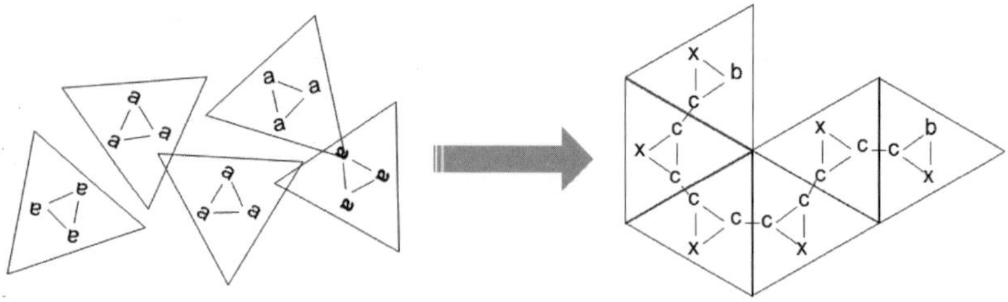

図 5.7　グラフ書き換えの例

合，エッジは V の順序対である．単純グラフの場合，E はエッジの集合である．多重エッジを持つ場合，E はエッジのマルチセットと考えればよい．以下では，単純無向グラフに対してグラフ書き換えの定義を行うが，その他の場合の定義も同様に行うことができる．

グラフ G に対して，G のノードの集合を V_G，G のエッジの集合を E_G，G のラベル付け関数を l_G と書く．

二つのグラフ G_1 と G_2 に対して，V_{G_1} から V_{G_2} への関数 h が以下の条件を満たすとき，h を埋め込みという．

- $h : V_{G_1} \to V_{G_2}$ は単射．
- $\{x, y\} \in E_{G_1}$ ならば $\{h(x), h(y)\} \in E_{G_2}$．($E_{G_1}$ がマルチセットの場合は，$\{x, y\}$ の E_{G_1} における多重度と $\{h(x), h(y)\}$ の E_{G_2} における多重度が等しい．)
- $l_{G_1} = l_{G_2} \circ h$．

書き換え規則とは，ノードの集合が同じような二つのグラフの順序対 $r = \langle L, R \rangle$ のことである．すなわち，$V_L = V_R$ が成り立つ．したがって，ここでは，ノードを追加したり削除したりする書き換え規則は考えていない．特に化学系では分子がなくなってしまうことはないので，このような制限が妥当かもしれない．

L から $G = \langle V, E, l \rangle$ への埋め込み h が存在するとき，書き換え規則 r はグラフ G に適用することができる．このとき，以下のようなグラフ $G' = \langle V', E', l' \rangle$ が得られる．

- $V' = V$.
- $E' = (E - \{\{h(x), h(y)\} \mid \{x, y\} \in E_L\}) \cup \{\{h(x), h(y)\} \mid \{x, y\} \in E_R\}$.
- $x \notin h(V_L)$ ならば，$l'(x) = l(x)$．そうでなければ，$l'(x) = l_R(h^{-1}(x))$.

なお，以上で紹介した計算モデルと例は，Klavins らが，群ロボットの行動をモデル化するために導入したものであるが，化学系や生物系にも適用することが可能であろう．

例えば有田は，放射性同位元素の追跡実験をコンピュータによって再現するためには，化学反応をグラフ書き換え規則と捉えることが必要であると指摘し，実際に化学反応を表すグラフ書き換え規則のデータベースと，二つの化合物の間の可能なパスウェイを探索するソフトウェアを構築した [46].

同様に，Valiente らによる定式化 [47] も，上述のグラフ書き換え規則の一種とみなすことができる．化学構造は多重エッジを持つ無向グラフと考えられる．すなわち，エッジの多重度は共有結合の多重度を表し，ノードのラベルは元素の種類を表す．彼らは例として Diels-Alder 反応をグラフ書き換え規則として与えているが，これは多重エッジを持つグラフの書き換え規則と考えられる．

図 5.8 に Diels-Alder 反応のグラフ書き換え規則を示す．図 5.9 は，この規則によるグラフ書き換えの例である．

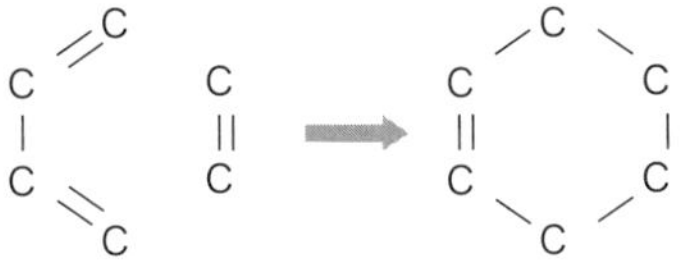

図 5.8 Diels-Alder 反応のグラフ書き換え規則

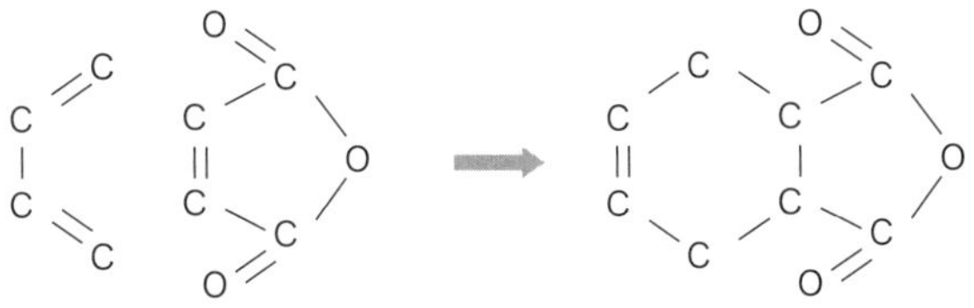

図 5.9 Diels-Alder 反応におけるグラフ書き換えの例

Yin らは，ヘアピン構造を解離しながら自己集合する DNA 分子の反応を，簡単なグラフ書き換え系によって定式化している．図 5.10 に書き換え規則の例を示す．図には規則のノードに対応する DNA 分子の例も模式的に示してある．矢印は DNA の一本鎖を表している．

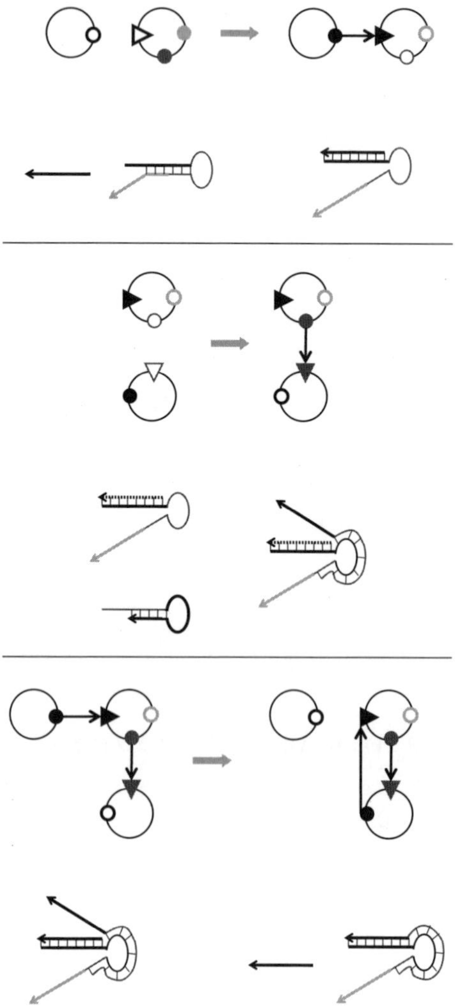

図 5.10　DNA 分子の反応のグラフ書き換え規則の例

これらの書き換え規則において，一つの大きな丸がグラフの一つのノードに相当する．そして，一つのノードは一つの DNA 分子を表している．DNA 分子の中にはヘアピン構造をとるものもある．

大きな丸に付随している小さな丸や三角は，ノードの状態を表していると考える．すなわち，ノードのラベルを表現している．

ただし，小さな丸や三角にはぞれぞれ意味がある．白抜きの小さな丸は，DNA 分子の中の一本鎖の部分を表しており，この部分が白抜きの三角が表す短い一本鎖と反応して，ブランチ・マイグレーションという反応によって，ヘアピン構造を解離する．すなわち，白抜きの小さな丸が表す一本鎖が，ヘアピンの根本の二本鎖の一方と入れ替わってヘアピンを開く．この反応の結果として二本鎖が形成されるので，白抜きの小さな丸と白抜きの三角は，塗り潰された丸と三角に変化する．反応の結果の二本鎖は矢印で示されている．したがって，このグラフ書き換え系は有向グラフを扱っている．さらに，ブランチ・マイグレーションによって別の部分が一本鎖になるので，反応以前は塗り潰されていた小さな丸が白抜きに変化する．なお，対応する小さな丸と三角は，濃さを合わせて示している．

図 5.10 の最後の規則は，反応した二つの DNA 分子の別の個所でブランチ・マイグレーションが起こって，それまでに形成されていた二本鎖が解離して，一本鎖が放出される反応を表している．

Yin らは，以上の定式化を用いて，DNA 分子によって蛸足のような構造が形成される過程や，DNA 分子で作られたウォーカーがトラック上を移動する過程が表現できることを示している．

以上のようなグラフ書き換え系に関する研究は，並行計算の分野でも活発に研究されている．例えば，Milner は，移動計算を表現するために，二つの種類のエッジから成る bigraph と呼ばれるグラフ構造が書き変わる計算モデルを提案している [49]．ただし，bigraph を生物系へ応用する試みはまだないようである．なお，膜構造もグラフの一種と考えられるので，第 4 章の計算モデルは，すべて，グラフ書き換え系と捉えることが可能である．

5.1.5　ブーリアン・ネットワーク

遺伝子間の制御関係のブール式による表現は，ブーリアン・ネットワーク (Boolean network) と呼ばれている [50]．ブール式はグラフ構造で表現することが可能なため，ネットワークという用語が使われている．

ブーリアン・ネットワークにおいては，遺伝子の発現状態は on と off の二状態に区別される．これを，真偽値の真と偽に対応させる．

時刻 $t+1$ における各遺伝子の状態は，時刻 t における各遺伝子の状態から，ネットワークのブール式によって定まる．各遺伝子の状態は同期的に遷移する．したがって，ブーリアン・ネットワークは，グラフを空間とし，時間と状態が離散的である状態遷移系である．ただし，グラフが動的に変化することはない．

5.2　状態＝連続，空間＝連続，時間＝連続

状態・空間・時間のすべてが連続であるような計算モデルはとても身近なものだろう．§1.1.3.1 の反応拡散系に代表されるように，時間と位置に依存した連続量が偏微分方程式に従って変化する．空間上の各点をセルと考えると，その状態は連続量であり，セルは空間上に稠密に分布していると考えられる．

例えば，§1.1.3.2 で紹介した BZ 反応を一次元の空間に拡散させると，以下のような偏微分方程式が得られる．

$$\frac{\partial[X]}{\partial t} = k_1[A][Y] - k_2[X][Y] + 2k_3[A][X] - 2k_4[X]^2 + k_d\frac{\partial^2[X]}{\partial x^2}$$
$$\frac{\partial[Y]}{\partial t} = -k_1[A][Y] - k_2[X][Y] + \frac{k_5}{2}[B][Z] + k_d\frac{\partial^2[Y]}{\partial x^2}$$
$$\frac{\partial[Z]}{\partial t} = 2k_3[A][X] - k_5[B][Z] + k_d\frac{\partial^2[Z]}{\partial x^2}$$

k_d は拡散係数である．x は空間座標を表す．

$k_d = 5.0 \times 10^{-7}$ と設定して，これ以外のパラメータは §1.1.3.2 と同じにする．時刻 0，座標 0 において $[X] = 0.0000001$ と仮定して，数値的に上の偏微分方程式を解くと，時刻 500.0 において図 5.11 のような状況が得られる．縦軸は濃度 $[X]$ を示し，横軸は一次元の空間座標を示す．横軸の一目盛は空間座標

図 5.11　一次元の拡散する BZ 反応

の 1.0 に相当する．

以上のような BZ 反応を二次元上に拡散させることによって，さまざまな情報処理，特に図形処理に応用しようとする試みが行われている．Steinbock は，BZ 反応を利用して迷路を解くことに成功した [51]．具体的には，図 5.12 にあるような迷路の形に BZ 反応の溶液を用意し，左下隅を起点として BZ 反応を拡散させる．すると，BZ 反応の拡散のイメージから，起点から各点への最短経路を得ることができる．

波は迷路の形状に沿って進行し，迷路の壁にぶつかると消える．最短経路の長さだけを求めるには，波を用いる必要はなく，円状に広がる最前線の移動を追いかければよい．ただし，BZ 反応のように波が伝わるのであれば，ある瞬間における波紋を辿ることによって，最短経路を求めることができる．具体的には，各点から起点へ向かって波紋を戻ればよい．

グラフ上の最短経路とは異なり，迷路の廊下は二次元の幅を持っているので，廊下を斜めに横切るような経路が得られる．したがって，得られた最短経路は，例えばロボットの動作計画に応用することができるだろう．なお，厳密には反応が拡散する速度は迷路の形状に依存するのだが，このように廊下が十分に広い場合は，速度は一定とみなすことができる．この研究はその後，中垣らにより粘菌を用いても同様の解が得られることが実験的に示されている [52]．

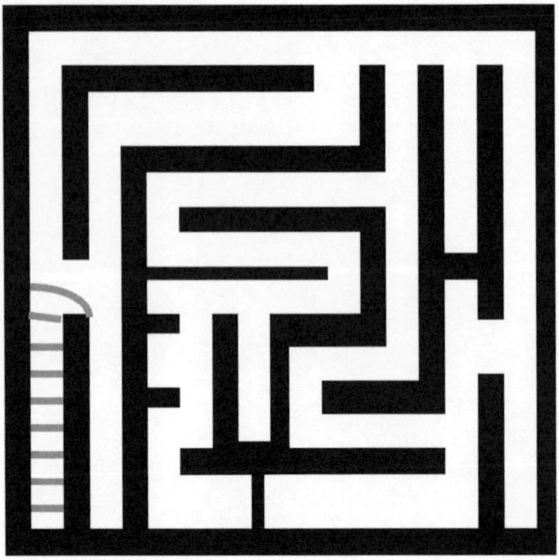

図 **5.12**　二次元の **BZ** 反応による迷路の解法

一般に，非線形の動力学によって支配され，何らかの「波」を伝搬する能力を持つ媒体は，興奮場 (excitable media) と呼ばれている．BZ 反応場はその典型例だろう．興奮場を使ってさまざまな情報処理を行うことが可能である [40].

また，BZ 反応は光感受性触媒を用いることにより，光により反応を制御することができることが知られており，光を用いて反応パターンを制御する試みが行われてきた．BZ 反応の化学波は反応界面の表面積を最小化するために同心円やらせん状となるが，櫻井は反応波の進行に併せて光照射のタイミングを変化させることにより，平面波をつくることができることを示している．櫻井は化学平面波を自在に制御できる実験方法を確立し，かかる平面波を用いて撞球計算系を反応拡散場において実現している [53].

5.3　状態＝連続，空間＝離散，時間＝離散

本節では，状態は連続的であるが，空間と時間が離散的であるようなモデルを考える．

5.3.1 偏微分方程式の離散化

偏微分方程式を近似的にシミュレーションするとき，空間と時間を離散化することが一般的である．§5.4.4 の有限要素法においても，実際に数値計算を行うためには，さらに時間を離散化して，最終的には差分方程式に変換する．ただし，§5.1.2 の超離散化とは異なり，空間と時間が離散化されても，状態は連続量のままであるので，本節の計算モデルに分類することができる．

鈴木らの CARMS(Cellular Automata of Abstract Rewriting System on Multisets) は ARMS を格子状に結合した計算モデルだが，マルチセットを連続濃度で近似しているため，本質的に偏微分方程式の離散化に他ならない [54].

図 5.13 は二次元の CARMS を用いて Oregonator のシミュレーションを行った結果である．拡散結合した CARMS が一般的な単純 CA と異なる点は，近傍のセルとの相互作用が拡散による分子種の流入出と，それによる化学反応の変化による点である．

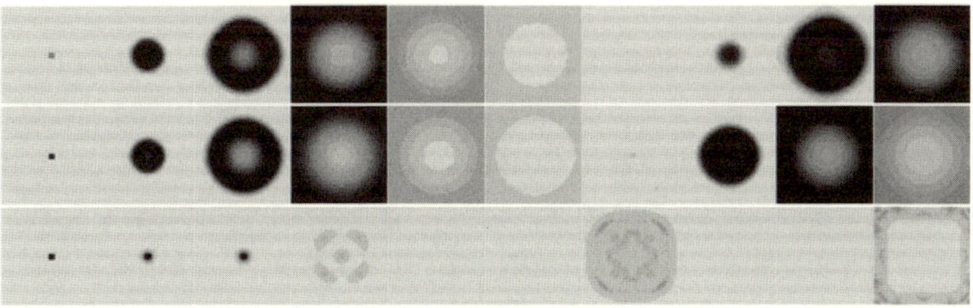

図 5.13 CARMS による Oregonator のシミュレーション

図 5.13 では上行から Δ=0.001, 0.1, 1.0 秒とした場合の CARMS を表し，各行で右から左へ 50 秒ごとの CARMS の状態を表している．実際の BZ 反応の場合と同様に反応波は衝突に伴い消滅している様子が再現されている．これは非平衡化学反応の特徴の一つである．

5.3.2　格子ボルツマン法 (LBM)

§5.1.1 で述べた格子ガス・オートマトン (LGA) に対して，McNamara らにより，粒子の有無を表現するブール変数を直接的に平均し 0 から 1 までの連続的な実数値を持つ粒子の分布関数に置き直すモデルとして格子ボルツマン法 (lattice Boltzman method, LBM) が提案された [55]．LBM は LGA における流速等流れの変数を求める統計平均操作を不要にしたため，ノイズのないなめらかな解を得ることができ，かつ計算効率を向上させた．また，その後の種々の改良により LBM の数値シミュレーションの結果は理論値と良い一致がみられることが確認されている．

LBM には非熱流体モデルと熱流体モデルがある．非熱流体モデルは，衝突過程で格子点上に存在する全粒子の質量および運動量が保存されるモデルであり，熱流体モデルは，衝突前後で全粒子の質量，運動量に加えて運動エネルギーが保存される．熱流体モデルではエネルギー保存則が成り立ち，熱力学的な考察も可能となり，流体の圧縮性をも考慮できる．しかし，速さの異なる複数種類の粒子が必要となる．

LBM において空間は規則的な格子によって一様に離散化され，各格子上にはそれぞれ速度を持った粒子が存在しているが，それらは仮想粒子として扱われ，分布関数として表現される（LBM では粒子の速度が 9 種類ある 2D9V モデルがよく用いられる）．時間も離散化され，系全体が同一の時間刻み (Δt) で時間発展する．各々の粒子は Δt ごとに格子点上での静止，並進，衝突演算により隣の格子点へと移動していく．

LBM は平衡状態への緩和に伴う流れについてモデル化されているため，そのままでは化学反応のような非平衡で散逸的な振舞いのモデル化を行うことが困難である．CARMS と LBM を統合し反応拡散対流モデル化するために，独立 LBM が提案されている．独立 LBM は，反応現象・拡散現象・対流現象をそれぞれ独立させて計算させるモデルである．まず，格子点上の初期濃度から求めた分布関数より，平衡状態の局所関数を算出する．この際，化学反応による密度変化は考えない．その後，局所関数により衝突後の分布関数を計算する．

ここまでは，通常のLBMと変わらないので，質量保存則は成立している．その後，衝突時に化学反応が起こっていたと仮定し，格子点上に存在する粒子から，化学反応式に基づいてどの程度反応したのかを計算する．また同時に拡散現象の影響も計算しておく．そしてその変化量を，質量に応じて分布関数に適用させる．反応現象・拡散現象・対流現象をまったく別々に計算しているため，化学反応における質量保存則も成立する．

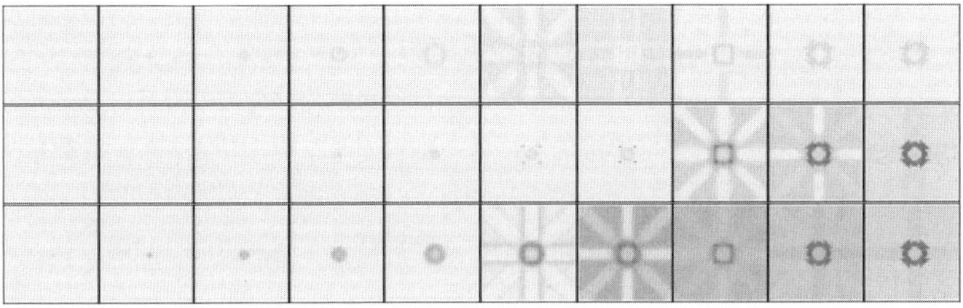

図 5.14　$\tau = 1.0 \times 10^4$: 1 段め 成分 X の濃度，2 段め 成分 Y の濃度，3 段め 成分 Z の濃度

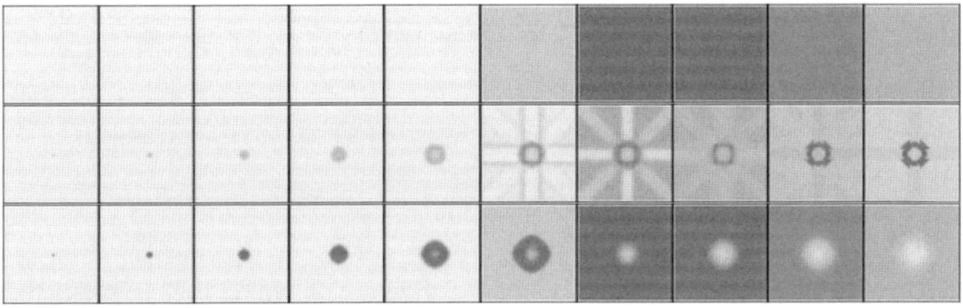

図 5.15　成分 Z の濃度 : 1 段め $\tau = 10$，2 段め $\tau = 1.0 \times 10^4$，3 段め $\tau = 1.0 \times 10^7$

図 5.14，図 5.15 は CARMS と LBM を組み合わせた系による反応拡散対流のシミュレーションである（色の濃さが物質の濃度に対応）．上の行から対流が「強い」「中程度」「弱い」場合が相当する．対流が強い場合は「攪拌」により空間パターンが消え，時間的振動だけになっている．一方，対流が弱い場合は通

常の反応拡散系と同様の反応パターン（同心円状に），対流が中程度の場合は，反応拡散系とは異なった反応パターンとなる．

5.3.3　計算粒子

アモルファス・コンピューティング (amorphous computing) は，格子上に規則正しく整列しているのではなく，空間上にランダムにばら撒かれたセルから成る計算モデルである [56]．アモルファス・コンピューティングにおいて，セルは計算粒子 (computational particle) と呼ばれている．

アモルファス・コンピューティングは，自己組織化のための計算パラダイムであり，応用分野としては微細加工技術や細胞工学を想定している．計算粒子は低コストのプロセッサによって実装されていると考え，小さい計算力と少量のメモリを持つと仮定する．上述したように計算粒子は不規則に配置され，可動性を持つ場合もある．

計算粒子は同一のプログラムによって実行され，自分たちの位置や方向に関する情報を持っていない．計算粒子は非同期的に実行され，その間の相互作用は局所的であり，近接の計算粒子とのみ短距離の通信をする．また，計算粒子は誤った挙動をすることもあり，環境の影響も受ける．以上のような計算粒子の全体は，超並列計算システムを実現している．アモルファス・コンピューティングの典型的な応用例として，計算粒子による VLSI 回路の自己組織化のシミュレーションがある．

計算粒子は連続的な座標を状態として持つと考えられる．この他にも，さまざまな連続的な状態量を持つことができ，各セルは離散的に状態を遷移させるので，この項に含めた．ただし，計算粒子に対しても，座標を含む連続的な状態に加えて，離散的な状態を考えることが可能である．むしろ，このほうが一般的である．

5.4　状態＝連続，空間＝離散，時間＝連続

本節では，空間は離散的であるが，時間と状態が連続であるような計算モデルについて考察する．上述したセル・オートマトンやグラフにおいて，各セル

やノードの状態が連続量であって，その状態が時間とともに連続的に変化するような計算モデルを考えればよい．

5.4.1 多細胞系

例えば，細胞が格子上に整列していて，隣接する細胞との間で分子のやり取りをするような状況を考えよう．細胞の状態がいくつかの分子の連続的な濃度によって表現され，分子の濃度が微分方程式によって変化すると仮定すると，細胞は空間中に離散的に分布し，各細胞の状態である濃度は時間とともに連続的に変化するので，まさにこの種類の計算モデルになる．

§1.2.3.3 で述べたように，Delta と Notch の相互の抑制によって，まだら模様が形成される．ここで，細胞は図 1.14 にあるように，三角格子上に整列している．そして，各細胞における Delta と Notch の濃度の変化は，その細胞における Delta と Notch の濃度に加えて，隣接する細胞の Delta と Notch の濃度に依存する．したがって，細胞の数を n とすると，$2n$ 個の連立微分方程式によって，システム全体をモデル化することができる．

次章で述べるように，離散的な状態と連続的な状態の組み合わさったハイブリッド・システムによって個々の細胞をモデル化することも一般的によく行われている．この場合，状態=連続+離散，空間=離散，時間=連続という状態遷移系となる．詳しくは，次章を参照されたい．

5.4.2 ニューラル・ネットワーク

セルやノードが格子上に整列しているのではなくて，より自由に他のセルやノードと結ばれている場合，システム全体はグラフであると考えられる．各ノードはいくつかのノードとエッジによって結ばれている．

グラフの各ノードには，連続的な状態が割り当てられていて，状態が時間とともに連続的に変化する．その変化量は，各ノードとエッジによって結ばれているノードの状態に依存する．

§1.2.4.2 で述べたニューラル・ネットワークは，このような計算モデルの典型的なものだろう [59]．ニューロンの状態である膜電位やチャネルのコンダクタンスは連続量であり，これらの変化は自分自身の状態とエッジによって結ばれたニューロンの状態に依存し，部分方程式によって与えることができる．

グラフ書き換え系とは異なり，各ノードの状態は変化するが，グラフの構造までは変化しない．

この場合も，各ノードを離散的な状態と連続的な状態の組み合わさったハイブリッド・システムと定義することが可能である．

5.4.3　移動ロボット

セルやノードが格子上に整列しているわけではないが，適当な空間上に置かれていて，空間上の近隣のセルやノードの状態に従って状態を変化させるような計算モデルも考えられる．

このようなモデルに関して，空間を離散的と捉えるべきであろうか．連続的と捉えるべきだろうか．ここでは，セルやノードは一つ二つと数えられるので，離散的であると考えよう．そして，セルやノードの位置は，連続的な座標であるので，連続的な状態の一部であると考える．

例えば，自動車やロボットが，他の自動車やロボットの位置に依存して，平面上を動き回っているような場合が考えられる．

この場合も，自動車やロボットに対し，座標を含む連続的な状態に加えて，離散的な状態を考えることが可能である．

移動ロボットの計算モデルとしては，例えば山下らのもの [58] がある．ただし，このモデルでは時間が離散的なので，本書では §5.3 に分類される．

5.4.4　有限要素法

有限要素法 (finite element method) とは，空間を有限個の領域に分割して，各領域の間の関係を求めることにより，構造計算等を行う数値解析手法である．

いわゆる非定常問題の有限要素法では，空間を離散化すると，各領域における関数は時間のみを未知変数とするので，偏微分方程式は時間に関する連立の常微分方程式になる．

5.5 その他

最後に，これまでに登場しなかった種類の状態遷移系について簡単に触れたい．

5.5.1 状態=離散，空間=離散，時間=連続

状態と空間が離散的であるにもかかわらず，時間のみ連続的であるような計算モデルは考えられるだろうか．ここでは，スパイキング・ニューロン (spiking neuron) について検討しよう [59]．スパイキング・ニューロンとは，ニューロンの発火のタイミングまで考慮したモデルであり，特にニューロンの発火時刻のずれによる情報表現を解析することをその目的としている．

スパイキング・ニューロンの形式モデルの一つであるスパイク・レスポンス・モデル (spike response model) において，ニューロンは膜電位を状態として持っていない．各ニューロンは，自分を含むニューロンが発火した時刻から現在までの経過時間によって，次の発火時刻を定める．

i 番目のニューロンが直前に発火した時刻を $\hat{t_i}$ とする．以下のように定義される関数 $u_i(t)$ に対して，i 番目のニューロンが次に発火する時刻は，$u_i(t)$ が閾値 $\theta(t-\hat{t_i})$ に達したときの時刻と定義される．

$$u_i(t) \ = \ \eta(t-\hat{t_i}) + \sum_j \sum_f w_{ij}\epsilon_{ij}\left(t-\hat{t_i}, t-t_j^{(f)}\right)$$

ここで，w_{ij} はニューロン j からニューロン i へのシナプスの強度を表し，$t_j^{(f)}$ は，ニューロン j が f 回目に発火した時刻を表す．η と ϵ_{ij} は発火時刻からの経過時間を引数とする関数であり，これらの関数を適切に定義することにより，より具体的なさまざまなニューロン・モデルを実現することができる．

上述したように，各ニューロンは膜電位を状態として持っていない．ニューロンは，発火しているか，していないか，という離散的な状態のみを持つ．しかしながら，ニューロンが直前に発火した時刻 $t_i^{(f)}$ を記憶していると考えると，これは連続的な状態といえるかもしれない．ニューロンがクロックを状態として持っているとすると，§5.4 のハイブリッド・システムと考えるべきである．

5.5.2　状態＝離散，空間＝連続，時間＝連続

セル・オートマトンのセルが無限に小さくなり，空間中に稠密に分布しているような計算モデルである．セルの状態は離散的であるにもかかわらず，空間は連続であり状態遷移は連続的な時間の中で起こる．セル・オートマトンの極限によって，セルの大きさによらない計算モデルを与えている [60].

5.5.3　状態＝連続，空間＝連続，時間＝離散

関数ダイナミクス (function dynamics) と呼ばれることもある．連続的な関数が離散的に変化する [61].

なお，移動ロボットの計算モデルのうち，間が離散的なものは，空間を連続的と捉えると，この種類もしくは§5.5.4 の種類に分類することもできる．

5.5.4　状態＝離散，空間＝連続，時間＝離散

例えば，離散的に状態を遷移させながら，連続空間を移動するロボットはこの範疇に入るかもしれない．

第6章

離散と連続の融合した計算モデル

化学系や生物系に限らず，サーモスタットのような制御系などに見られるように，系の挙動が，スイッチによる離散的変化と，時間変化に伴う連続的な変化の両方からなるものは多い．そのため，離散と連続の融合した，いわゆるハイブリッドな計算モデルが提案されている．本章ではそのような計算モデルのいくつかについて，その定義と解析手法について述べる．

6.1　ハイブリッド・オートマトン・モデル

本節ではハイブリッドな計算モデルのうち，オートマトンをベースにしたモデルについて述べる．

6.1.1　時間オートマトン

時間オートマトンは有限オートマトンに有限個のクロックを付加したものである．各クロックは非負の実数値をとり，すべてのクロック値は時間経過とともに同じ割合で増加する．また，ある種の状態遷移において，いくつかのクロックの値を0にリセットすることができる．

有限オートマトンにおける状態は，その遷移図でのグラフの点に対応していた．しかし，時間オートマトンにおける「状態」は，各クロックにどのような非負実数値が割り当てられているかという情報も含むようにすべきである．そのため，時間オートマトンの遷移図におけるグラフの点に対応するもののことは，状態ではなく**ロケーション**と呼ぶ．

時間オートマトンにおける各ロケーションとロケーション間の各辺にはクロックに関する条件である**クロック制約**を記述することができる．

ロケーションに結びつけられたクロック制約は**不変条件**とも呼ばれ，その条件が満たされる限りにおいて，ロケーションを移らずに時間が経過するのを待ってよいということを表す．なお，時間が経過するのを待つのも一つの遷移と考える．例えば，クロック x に値 1 が割り当てられている状態で，現在のロケーションに $x \leq 2$ というクロック制約が割り当てられている場合は，1 単位時間を上限としてそのロケーションに留まるような遷移を行うことができる．

辺に結びつけられたクロック制約は，その辺を辿る遷移が可能であるようなクロックの条件を表している．なお，辺を辿る遷移は瞬時に起こり，時間は経過しないと解釈する．また，辺にはクロック制約の他にリセットされるクロックの集合を記述することができ，これらのクロックは辺を辿る遷移の際に値が 0 にリセットされる．なお，リセットを行った後のクロック値の割り当てが，移った先のロケーションでの不変条件を満たさない場合は，その辺を辿る遷移を行うことはできないと考える．

以上が時間オートマトンの概略であるが，以下ではその形式的な定義を与える．C をクロックの有限集合とする．C の要素は x, y, z などで表す．C 上のクロック制約は次のように定義される．

$$\varphi ::= \top \mid x \bowtie c \mid \varphi \wedge \varphi$$

ここで，$\bowtie$ は $<, >, \leq, \geq, =$ のうちいずれかの関係であり，c は自然数である．$\mathcal{B}(C)$ を C 上のクロック制約全体の集合とする．クロックへの非負実数の割り当て $u : C \to \mathbb{R}_{\geq 0}$（以下単に**クロック割り当て**と呼ぶ）がクロック制約 φ を満たすとき，$u \models \varphi$ と書く．すなわち $\models$ は以下のように帰納的に定義される関係である．

- $u \models \top$
- $u \models x \bowtie c \iff u(x) \bowtie c$
- $u \models \varphi_1 \wedge \varphi_2 \iff u \models \varphi_1$ かつ $u \models \varphi_2$

u がクロック割り当て，$r \subseteq C$ がクロックの集合のとき，クロック割り当て

$[r \mapsto 0]u$ を以下で定義する．

$$([r \mapsto 0]u)(x) = \begin{cases} 0 & (x \in r \text{ のとき}) \\ u(x) & (x \notin r \text{ のとき}) \end{cases}$$

また，クロック割り当て u と非負実数 $d \in \mathbb{R}_{\geq 0}$ に対し，クロック割り当て $u+d$ を，任意の $x \in C$ について

$$(u+d)(x) = u(x) + d$$

で定義する．すなわち，$[r \mapsto 0]u$ は，u をもとにして r に属すクロックをすべてリセットした割り当てを表し，$u+d$ は u をもとにして d だけ時間経過した後の割り当てを表している．

時間オートマトンは六つ組 $A = (Act, L, l_0, C, E, I)$ で与えられる．ここで，Act はアクションの有限集合，L はロケーションの有限集合，$l_0 (\in L)$ は初期ロケーション，C はクロックの有限集合，$E (\subseteq L \times \mathcal{B}(C) \times Act \times 2^C \times L)$ は遷移関係，$I : L \to \mathcal{B}(C)$ はロケーションへの不変条件の割り当てである．$(l, g, a, r, l') \in E$ のとき，$l \xrightarrow{g,a,r} l'$ と書く．ここでは遷移関係 E は有限分岐，すなわち，l に対して $l \xrightarrow{g,a,r} l'$ となる g, r は有限個しかないものとする．

時間オートマトンの状態はロケーション $l \in L$ と，クロック割り当て $u : C \to \mathbb{R}_{\geq 0}$ の組 (l, u) で表される．すべてのクロックに値として 0 が割り当てられるクロック割り当てを u_0 として，初期状態は (l_0, u_0) である．なお，初期状態においては不変制約が満たされる（すなわち，$u_0 \models I(l_0)$）ものとする．

時間オートマトンにおける遷移には，ロケーションを移る遷移（**アクション**）と，時間経過の遷移（**ディレイ**）の 2 種類があり，それぞれ以下のように定義される．

- アクション：$(l, u) \xrightarrow{a} (l', u')$
  ただし，$l \xrightarrow{g,a,r} l'$, $u \models g$, $u' = [r \mapsto 0]u$, $u' \in I(l')$
- ディレイ：$(l, u) \xrightarrow{d} (l, u+d)$
  ただし，$d \in \mathbb{R}_{\geq 0}$ で，$u + d \models I(l)$

また，2 種類の遷移を組み合わせた遷移として，$(l, u) \overset{a}{\Longrightarrow} (l', u')$ というものを考える．これは，$(l, u) \xrightarrow{d} (l'', u'') \xrightarrow{a} (l', u')$ となる $d \in \mathbb{R}_{\geq 0}$ と l'', u'' が

存在することを表す.

初期状態 (l_0, u_0) から到達可能な状態 (l, u) では $u \models I(l)$ が成り立つことが容易に確認できる．また，クロック制約は凸領域を表すため，$u \models I(l)$ かつ $u + d \models I(l)$ であれば，$0 \leq d' \leq d$ を満たす任意の d' について $u + d' \models I(l)$ である．よって，時間経過の遷移については，途中の時刻においても不変制約は満たされている.

6.1.2　クロック・リージョン

時間オートマトンの状態はクロック割り当てを含むため，状態全体の空間は無限になる．さらに単に無限状態であるというだけでなく，状態遷移系として有限分岐でない，すなわち，一般に一つの状態からの時間経過の遷移が無数に存在する．このため，このままでは到達可能な状態を網羅するなどの解析が行いにくい．そのような場合に用いられる解析手法として，無限の状態空間を抽象化し，有限的に表現するという方法がある．時間オートマトンについては状態空間の有限的な表現として，クロック・リージョンとクロック・ゾーンが良く知られている．ここではまず，クロック・リージョンについて説明する.

クロック・リージョンの基本的なアイデアは，本来無限であるクロック割り当ての空間を，有限個の重なりのない領域に分割するというものである．このような分割は，一般に同値関係を導入することによって与えることができる．すなわち，二つのクロック割り当てが同じ領域に属するということを，それらの割り当てがある同値関係を満たすということによって特徴づけるのである.

各クロック x について，今考えている時間オートマトン A に出現する x に関する制約 $x \bowtie c$ のうち，最大の定数 c を c_x と書くことにする．また，非負実数 t に対し，その小数部分を $fr(t)$ と書く．すなわち，t を超えない最大の整数を $\lfloor t \rfloor$ として，$t = \lfloor t \rfloor + fr(t)$ である．このとき，二つのクロック割り当て u, u' が $u \cong u'$ を満たすことを，以下の条件をすべて満たすこととして定義する.

- 任意の $x \in C$ について,「$u(x) \geq c_x$ かつ $u'(x) \geq c_x$」であるか，または「$\lfloor u(x) \rfloor = \lfloor u'(x) \rfloor$」である.
- 任意の $x, y \in C$ について，もし $u(x) \leq c_x$ かつ $u(y) \leq c_y$ ならば,

$fr(u(x)) \leq fr(u(y)) \iff fr(u'(x)) \leq fr(u'(y))$ である．

- 任意の $x \in C$ について，もし $u(x) \leq c_x$ ならば，$fr(u(x)) = 0 \iff fr(u'(x)) = 0$ である．

$\cong$ が同値関係になることは容易に確かめられる．同値関係 $\cong$ のもとでの同値類のことをリージョンと呼ぶ．u を代表元とするリージョンを $[u]$ と書く．

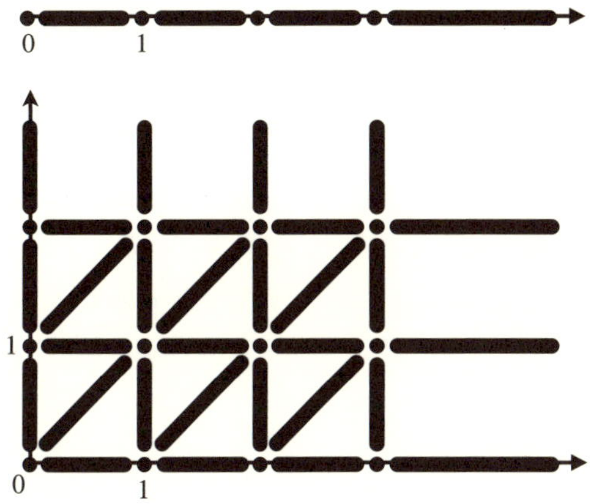

図 6.1　一次元および二次元空間におけるリージョン分割の例

図 6.1 はクロックが一つあるいは二つの場合に，クロック値の空間がどのようにリージョンに分割されるかを模式的に表したものである．一般に $\cong$ による同値類の個数は有限個になる．よって，分割されてできたリージョンの個数も有限個である．

ここで，時間オートマトン $A = (Act, L, l_0, C, E, I)$ に対し，次のような**リージョン・グラフ**と呼ばれるラベル付き状態遷移系を考える．

- 状態の集合は $\{(l, [u]) \mid l \in L,\ u$ はクロック割り当て$\}$
- 遷移関係 $(l, [u]) \overset{a}{\Longrightarrow} (l', [u'])$ は，A において $(l, v) \overset{a}{\Longrightarrow} (l', v')$ となる $v \in [u]$ と $v' \in [u']$ が存在することとして定義
- 初期状態は $(l_0, [u_0])$

リージョンの個数は有限個なので，リージョン・グラフの状態空間は有限とな

る．このとき，時間オートマトン A において $\overset{a}{\Longrightarrow}$ を遷移関係とするラベル付き状態遷移系と，対応するリージョン・グラフとは双模倣的になる．したがって，時間オートマトンにおいて初期状態から始めてあるリージョン中の状態に到達可能であるかという問題は，リージョン・グラフの到達可能性問題に帰着できる．後者は状態空間が有限であるので，適当なグラフアルゴリズムによって解くことが可能である．

6.1.3　クロック・ゾーン

クロック・リージョンはクロック値の空間を有限個の重なりのない領域に分割するものであったが，クロック制約中に現れる定数の最大値が大きくなると，リージョンの個数が多くなりすぎるという問題がある．これに対し，クロック・ゾーンは，いくつかのクロック・リージョンをまとめて一つに扱うことで，この問題を回避する[*1]．つまり，クロック・ゾーンはクロック値の集合を表すという点ではクロック・リージョンと類似しているが，一般には一つのクロック値は複数の異なるクロック・ゾーンに属すという点では異なっている．

クロック・ゾーンとは，以下のようなクロック値に関する制約のことである．

$$Z ::= \top \mid x \bowtie c \mid x - x \bowtie c \mid Z \wedge Z$$

ここで，$\bowtie$ は $<, >, \leq, \geq, =$ のうちいずれかの関係であり，c は自然数である．クロック制約のときと同様，クロック割り当て u が制約 Z を満たすことを $u \models Z$ と書く．$C = \{x_1, \ldots, x_n\}$ とすると，n 次元ユークリッド空間内でクロック・ゾーンが表す領域は凸になる．

クロック・ゾーンは以下の各操作に関して閉じている．

- 共通部分：Z_1, Z_2 がクロック・ゾーンであれば，$Z_1 \wedge Z_2$ もクロック・ゾーンである．これは定義から明らか．
- クロック・リセット：Z がクロック・ゾーンで，$r \subseteq C$ がクロックの集合のとき，r に属すクロックをすべて 0 にリセットした $[r \mapsto 0]Z$ もクロック・ゾーン．

[*1] ただし，厳密にいうとすべてのクロック・ゾーンがクロック・リージョンの和集合の形で書けるというわけではない．

形式的には，$u \models [r \mapsto 0]Z \iff$「$u' \models Z$ を満たすある u' について,$u = [r \mapsto 0]u'$」と定義される．

- 時間経過：Z がクロック・ゾーンのとき，時間経過による軌跡を表す $Z^{\Uparrow}$ もクロック・ゾーン．形式的には，$u \models Z^{\Uparrow} \iff$「ある $d \in \mathbb{R}_{\geq 0}$ と $u' \models Z$ を満たすある u' について，$u = u' + d$」と定義される．

これらの操作を用いると，時間オートマトン A における遷移関係 $\overset{a}{\Longrightarrow}$ をクロック・ゾーンを用いて表現することができ，リージョン・グラフのときと同様に**ゾーン・グラフ**と呼ばれる以下のようなラベル付き遷移系を構成することが可能となる．

- 状態の集合は $\{(l, Z) \mid l \in L,\ Z$ はクロック・ゾーン$\}$
- 遷移関係 $(l, Z) \overset{a}{\Longrightarrow} (l', Z')$ は，A においてロケーションを移る遷移 $l \xrightarrow{g,a,r} l'$ が存在し，$Z' = [r \mapsto 0](Z^{\Uparrow} \wedge I(l) \wedge g) \wedge I(l')$ かつ $Z' \neq \emptyset$ として定義
- 初期状態は (l_0, Z_0) ただし $C = \{x_1, \ldots, x_n\}$ として，Z_0 は $x_1 = 0 \wedge \cdots \wedge x_n = 0$

すると，A において $\overset{a}{\Longrightarrow}$ で状態 (l, u) に到達可能であることと，あるゾーン Z が存在してゾーン・グラフにおいて (l, Z) が到達可能かつ $u \models Z$ が成り立つことが同値となる．

ゾーン・グラフは有限分岐にはなるが，このままではまだクロック・ゾーンの空間は無限のままである．そこで実際の検証システムにおいては，状態空間を有限にして網羅的な探索を可能にするため，あるいは状態の個数すなわちクロック・ゾーンの種類が多くなりすぎるのを防ぐために，以下のような処理が行われる．

- クロック・ゾーンに出現する定数に上限を設ける．
  具体的には，時間オートマトンのクロック制約に出現する定数の最大値 k を上限とする．クロック・ゾーンのうち，制約中に出現する定数が k 以下になるものを考え，それらを k-ゾーンと呼ぶことにする．一般のクロック・ゾーン Z に対し，Z を含む最小の k-ゾーンを $\mathrm{norm}_k(Z)$ とする．k-ゾーンは有限個しかなく，また Z が k-ゾーンであれば $Z = \mathrm{norm}_k(Z)$ である．

これを用いて，ゾーン・グラフの定義中の $Z^{\Uparrow}$ を $\mathrm{norm}_k(Z^{\Uparrow})$ で置き換える．

- ゾーン・グラフの構成処理において，他のクロック・ゾーンによってカバーされるクロック・ゾーンに対する探索は打ち切る．

  到達可能性検査はゾーン・グラフに出現する状態を初期状態から順次構成していくことによって行われる．このとき，もし，(l, Z) と (l, Z') の両方が初期状態から到達可能となり，任意のクロック割り当て u に対して $u \models Z'$ ならば $u \models Z$ が成り立つようであれば，Z は Z' をカバーしていることになる．このような場合は，(l, Z') からの探索を継続しても (l, Z) からの探索で出てくるような状態しか出てこないため，(l, Z') からの探索は打ち切ってよい．

6.1.4　Difference Bound Matrix

前項で述べたクロック・ゾーンに関する操作を計算機上で実現するために，クロック・ゾーンの表現として，Difference Bound Matrix と呼ばれるものがよく用いられる．

通常のクロック $C = \{x_1, \ldots, x_n\}$ に加え，時間経過に関係なくクロック値が常に 0 であるような仮想的なクロック x_0 を加えることにする．すると，任意のクロック・ゾーンは

$$x_0 = 0 \wedge \bigwedge_{0 \le i \ne j \le n} x_i - x_j \lhd_{ij} d_{ij}$$

の形の制約で表すことができる．ただし，$\lhd_{ij}$ は $<$ または $\le$ であり，d_{ij} は整数または ∞ である．∞ のときは $\lhd$ は $<$ に限るものとする．例えば，制約中に $x_1 = 1$ を含む場合は $x_0 = 0 \wedge x_0 - x_1 \le -1 \wedge x_1 - x_0 \le 1$ と書き直すことができるし，$x_2 - x_3 < 5$ は $x_2 - x_3 < 5 \wedge x_3 - x_2 < \infty$ と書ける．

上の形の制約を行列の形にしたものが**Difference Bound Matrix**である．Difference Bound Matrix D の (i, j) 成分 $(i, j \in \{0, \ldots, n\})$ は $(d_{ij}, \lhd_{ij})$ の形をしており，暗黙の $x_0 = 0$ を加えて上の形の制約と対応している．例えば $x_1 = 1 \wedge x_2 - x_3 < 5$ は次のように書ける．

$$\begin{pmatrix} (0,\le) & (-1,\le) & (0,\le) & (0,\le) \\ (1,\le) & (0,\le) & (\infty,<) & (\infty,<) \\ (\infty,<) & (\infty,<) & (0,\le) & (5,<) \\ (\infty,<) & (\infty,<) & (\infty,<) & (0,\le) \end{pmatrix}$$

なお，一つのクロック・ゾーンに対し，Difference Bound Matrix が一意に定まるわけではない．しかし，空でないクロック・ゾーンに対し，以下の性質を満たすものは一意に存在する．

$$\text{任意の } i,j,k \in \{0,\ldots,n\} \text{ に対し，} d_{ik} \lhd_{ik} d_{ij} + d_{jk}$$

この条件を満たす Difference Bound Matrix を**標準形**(canonical form) という．標準形でない Difference Bound Matrix が与えられたときは，以下の操作をそれ以上適用できなくなるまで繰り返すことによって，それが表すクロック・ゾーンを変えることなく，標準形を得ることができる．

- $d_{ik} \lhd_{ik} d_{ij} + d_{jk}$ を満たさない $i,j,k \in \{0,\ldots,n\}$ に対し，$(d_{ik}, \lhd_{ik})$ を以下の $(d'_{ik}, \lhd'_{ik})$ で置き換える．
  - ・$d'_{ik} = d_{ij} + d_{jk}$
  - ・$\lhd'_{ij}$ と $\lhd'_{jk}$ がどちらも $\le$ であれば，$\lhd'_{ik} = \le$ とする．そうでなければ，$\lhd'_{ik} = <$ とする．

前項で述べたクロック・ゾーンに関する各種操作は，以下のように Difference Bound Matrix に対する操作として実現される．

- 空判定：まず標準形を求める．このとき，表すクロック・ゾーンが空でなければ対角成分はすべて $(0,\le)$ になり，空であればいずれかの成分に負の値が出現する．
- 共通部分：$D^1 = \{(d^1_{ij}, \lhd^1_{ij})\}$, $D^2 = \{(d^2_{ij}, \lhd^2_{ij})\}$ に対し，$D = \{(d_{ij}, \lhd_{ij})\}$ が共通部分を表す Difference Bound Matrix となる．ただし，
  - ・$d_{ij} = \min(d^1_{ij}, d^2_{ij})$
  - ・$d^1_{ij} < d^2_{ij}$ ならば $\lhd_{ij} = \lhd^1_{ij}$
  - ・$d^2_{ij} < d^1_{ij}$ ならば $\lhd_{ij} = \lhd^2_{ij}$
  - ・$d^1_{ij} = d^1_{ij}$ かつ $\lhd^1_{ij} = \lhd^2_{ij}$ ならば $\lhd_{ij} = \lhd^1_{ij}$

・$d^1_{ij} = d^1_{ij}$ かつ $\triangleleft^1_{ij} \neq \triangleleft^2_{ij}$ ならば $\triangleleft_{ij} = <$

D^1, D^2 は標準形でなくてよい．また両方とも標準形であったとしても，D は一般には標準形にならない．

- クロック・リセット：まず標準形 $D' = \{\mathbf{d}'_{ij}\}$ を求める．リセットするクロックの集合を r として，$D = \{\mathbf{d}_{ij}\}$ が共通部分を表す Difference Bound Matrix となる．ただし，

  ・$x_i, x_j \in r$ のとき，$\mathbf{d}_{ij} = (0, \leq)$

  ・$x_i \in r, x_j \notin r$ のとき，$\mathbf{d}_{ij} = \mathbf{d}'_{0j}$

  ・$x_i \notin r, x_j \in r$ のとき，$\mathbf{d}_{ij} = \mathbf{d}'_{i0}$

  ・$x_i, x_j \notin r$ のとき，$\mathbf{d}_{ij} = \mathbf{d}'_{ij}$

- 時間経過：まず標準形 $D' = \{\mathbf{d}'_{ij}\}$ を求める．$D = \{\mathbf{d}_{ij}\}$ が共通部分を表す Difference Bound Matrix となる．ただし，

  ・$\mathbf{d}_{i0} = (\infty, <)$ $(i \neq 0)$

  ・$\mathbf{d}_{ij} = \mathbf{d}'_{ij}$ （$i = 0$ または $j > 0$）

6.1.5　ハイブリッド・オートマトン

時間オートマトンにおける連続量はクロック値であり，それはリセットされない限りは一定の速度で，しかもクロックが複数ある場合にはそれらの値が一様に増加していくものであった．ハイブリッド・オートマトンは，離散値をロケーションで，連続量をいくつかの実数値で表し，それぞれの変化に対応する遷移を持つという時間オートマトンの特徴を引き継ぎつつ，連続量の変化のしかたや条件の記述をより一般化したものである．

時間オートマトンにおけるクロックの有限集合 C に対応するものとして，ハイブリッド・オートマトンでは連続量を表す変数の有限集合 $X = \{x_1, \ldots, x_n\}$ を用いる．このとき n をハイブリッド・オートマトンの次元と呼ぶ．クロックの値は非負実数しかとれなかったが，ハイブリッド・オートマトンの変数の値は一般の実数をとることができる．また，上のような X に対応させて，$\dot{X} = \{\dot{x}_1, \ldots, \dot{x}_n\}$ と $X' = \{x'_1, \ldots, x'_n\}$ という変数の集合を考える．前者は連続的な遷移において用いられる時間微分を，後者は離散的な遷移における遷移後の結果を表して

いる．これらの修飾付きの変数が実際にどのように用いられるかは後で詳しく述べる．

変数の集合 $X = \{x_1, \ldots, x_n\}$ の各要素に対する実数値の割り当ては，n 次元実ベクトル $\boldsymbol{x} \in \mathbb{R}^n$ を用いて表すことにする．$\dot{X}$, X' についても同様である．

時間オートマトンでは，クロック値に関する制約 $\varphi \in \mathcal{B}(C)$ が，ロケーションにおける不変条件やロケーションを移る遷移の際の条件として用いられていた．ハイブリッド・オートマトンにおいても同様の目的で連続量に関する制約というものを考える必要がある．

制約をどのような形で具体的に与えるかは少し後まわしにして，ハイブリッド・オートマトンの一般的な定義においては，これらの制約は，X, $\dot{X}$, X' のうちいくつかに対する実ベクトルの割り当てのそれぞれに対して，真偽値を定めるもの，と抽象的に定義しておく．例えば，$X = \{x_1, x_2\}$ に関する制約として $x_1 > x_2$ といったものを考えることができるが，これは $\mathbb{R}^2$ の点のうち，$\{(x_1, x_2) \mid x_1 > x_2\}$ に属すものには真を，それ以外には偽を割り当てるものと見ることができる．X に関する制約全体の集合を $\mathcal{C}(X)$ と書き，X, $\dot{X}$ に関する制約全体の集合を $\mathcal{C}(X, \dot{X})$ と書く．

$\varphi \in \mathcal{C}(X)$ が割り当て $\boldsymbol{x}$ に対して真を割り当てることを $\boldsymbol{x} \models \varphi$ と書く．また，$\varphi \in \mathcal{C}(X, \dot{X})$ が割り当て $\boldsymbol{x}$ と $\boldsymbol{y}$ に対して真を割り当てることを $\boldsymbol{x}, \boldsymbol{y} \models \varphi$ と書く．

n 次元ハイブリッド・オートマトンは $H = (\mathit{Act}, L, X, \mathit{Init}, E, I, F)$ という七つ組で与えられる．Act はアクションの有限集合，L はロケーションの有限集合，X は既に述べたように連続量を表す変数の有限集合である．

$\mathit{Init} : L \to \mathcal{C}(X)$ は初期状態の集合を定めるものである．時間オートマトンのときと同様に，状態の空間は離散状態空間と連続状態空間の直積となるため，各状態は $(l, \boldsymbol{x})$ ($l \in L$, $\boldsymbol{x} \in \mathbb{R}^n$) の形で表される．$(l, \boldsymbol{x})$ が初期状態であることを，$\boldsymbol{x} \models \mathit{Init}(l)$ であることとして定義する．

$E \subseteq L \times \mathcal{C}(X, X') \times \mathit{Act} \times L$ は遷移関係である．$(l, J, a, l') \in E$ のとき，$l \xrightarrow{J,a} l'$ と書く．ここで $J \in \mathcal{C}(X, X')$ のことを**ジャンプ条件**と呼ぶ．

$I : L \to \mathcal{C}(X)$ はロケーションに対する不変条件の割り当て，$F : L \to \mathcal{C}(X, \dot{X})$ はロケーションに対するフロー条件の割り当てである．

ハイブリッド・オートマトンにおける遷移は，離散的遷移である**ジャンプ**と，連続的遷移である**フロー**の 2 種類からなり，それぞれ以下のように定義される．

- ジャンプ：$(l, \boldsymbol{x}) \xrightarrow{a} (l', \boldsymbol{x'})$
  ただし，$l \xrightarrow{J,a} l'$ かつ，$\boldsymbol{x}, \boldsymbol{x'} \models J$
- フロー：$(l, \boldsymbol{x}) \xrightarrow{d} (l, \boldsymbol{x'})$
  ただし，$d \in \mathbb{R}_{\geq 0}$ であり，区間 $(0, d)$ で微分可能な関数 $f : [0, d] \to \mathbb{R}^n$ が存在して，その導関数を $\dot{f} : (0, d) \to \mathbb{R}^n$ と書くことにすると，以下がすべて成り立つ．
  1. $f(0) = \boldsymbol{x}$
  2. $f(d) = \boldsymbol{x'}$
  3. すべての $t \in (0, d)$ に対し，$f(t) \models I(l)$ かつ $f(t), \dot{f}(t) \models F(l)$

時間オートマトンはハイブリッド・オートマトンの特殊例である．実際，時間オートマトン $A = (Act, L, l_0, C, E, I)$ から，対応するハイブリッド・オートマトン $H = (Act, L, C, Init, E', I', F)$ を構成できる．以下では，各 $\boldsymbol{x} \in \mathbb{R}^n$ に対し，クロック値の割り当て $u_{\boldsymbol{x}}$ を，$\boldsymbol{x} = (u_{\boldsymbol{x}}(x_1), \ldots, u_{\boldsymbol{x}}(x_n))$ を満たすものとして定める．

- $\boldsymbol{x} \models Init(l) \iff l = l_0$ かつ $\boldsymbol{x} = \boldsymbol{0}$
- $l \xrightarrow{J,a} l' \iff ((l, g, a, r, l') \in E$ となる g, r が存在して，
  任意の $\boldsymbol{x}, \boldsymbol{x'}$ に対して $\boldsymbol{x}, \boldsymbol{x'} \models J \iff g(u_{\boldsymbol{x}})$ かつ $u_{\boldsymbol{x'}} = [r \mapsto 0]u_{\boldsymbol{x}})$
- $\boldsymbol{x} \models I'(l) \iff$ ある u が存在して $u \models I(l)$ かつ $\boldsymbol{x} = (u(x_1), \ldots, u(x_n))$
- $\boldsymbol{x}, \dot{\boldsymbol{x}} \models F(l) \iff \dot{\boldsymbol{x}} = (1, \ldots, 1)$

$\mathbb{R}^n$ の部分集合で，有理数か $\pm\infty$ を上限・下限とするような区間の直積で表現されるものを**矩形**と呼び，そのうち特に $\pm\infty$ が出現しないものを**有界矩形**と呼ぶことにする．ハイブリッド・オートマトン $H = (Act, L, C, Init, E, I, F)$ のうち，以下の条件をすべて満たすものを**初期化矩形ハイブリッド・オートマトン**(initialized rectangular hybrid automaton) という．

- $Init(l)$ が有界矩形で表される．
- $I(l)$ が矩形で表される．

- $F(l)$ が $\dot{X}$ が有界矩形の範囲にあることで表される．
- $l \xrightarrow{J,a} l'$ において，J が二つの矩形 R, R' と，$Y \subseteq X$ によって表され，$\boldsymbol{x}, \boldsymbol{x}' \models J$ が成り立つことが以下をすべて満たすことと同値になる．
  - ・$\boldsymbol{x}, \boldsymbol{x}'$ がそれぞれ矩形 R, R' に属す．
  - ・$x_i \in Y$ ならば，$\boldsymbol{x}$ と $\boldsymbol{x}'$ の第 i 成分は等しく，かつ $F(l)$ と $F(l')$ の i 番目の座標への射影は等しい．
  - ・$x_i \notin Y$ ならば，R' の i 番目の座標への射影は有界区間．

  すなわち，ジャンプにおいては Y に属す変数については値を保存し，それ以外の変数は定められた有界区間内の値をとる．さらに値を保存する場合はジャンプ前後のロケーション間で対応する変数のフロー条件が変化しない．

時間オートマトンは初期化矩形ハイブリッド・オートマトンの特殊例である．矩形ハイブリッド・オートマトンについては，到達可能性判定が決定可能，すなわち，有限時間内に Yes か No かを返す計算機プログラムが存在することが知られている．一方で，例えばジャンプにおいて値を保存する変数 $x \in Y$ について，x に関するフロー条件がジャンプ前後のロケーション間で変化することを許しただけでも決定不能になることも知られている．

6.1.6 区分的アフィン・ハイブリッド・オートマトン

前項の最後の例に見られるとおり，一般のハイブリッド・オートマトンに関しては，到達可能性判定などの問題は決定不能になってしまう．また，近似的な解析を行うにしても，一般のハイブリッド・オートマトンを対象とするのは困難であるし，モデル化の対象となるシステムによっては，より制限されたクラスのハイブリッド・オートマトンで十分なこともある．

そのため，ハイブリッド・オートマトンの枠組を用いて解析を行う場合は，矩形ハイブリッド・オートマトンの例に見られたように，より制約された形のハイブリッド・オートマトンを対象とすることが多い．ここでは，生物モデルにおけるモデル化にハイブリッド・オートマトンの枠組を用いる例として，Ghosh と Tomlin による，区分的アフィン・ハイブリッド・オートマトンを用いた Delta-Notch タンパクのシグナル伝達の解析 [63] を挙げる．

区分的アフィン・ハイブリッド・オートマトン(piecewise affine hybrid automaton) は，ハイブリッド・オートマトン $H = (Act, L, X, Init, E, I, F)$ に以下の性質をすべて満たすように制約を加えたものである．以下では，n をハイブリッド・オートマトンの次元とする．

- 連続量の空間 $\mathbb{R}^n$ は，前もって定められた有限個の多項式によって分割され，各ロケーション $l \in L$ における不変条件 $I(l)$ は各々の分割に相当する．すなわち，$I(l)$ は，多項式の符号に関する条件を「$\wedge$」でつなげた形をしている．より詳しくは，各ロケーション l に対し，多項式の有限集合 $P_{lt}(l)$, $P_{eq}(l)$, $P_{gt}(l)$, $P_{le}(l)$, $P_{ge}(l)$ がそれぞれ割り当てられており，

$$\begin{aligned}&\boldsymbol{x} \models I(l) \Longleftrightarrow \\ &\quad \left(\bigwedge_{p \in P_{lt}(l)} p(\boldsymbol{x}) < 0\right) \wedge \left(\bigwedge_{p \in P_{eq}(l)} p(\boldsymbol{x}) = 0\right) \wedge \left(\bigwedge_{p \in P_{gt}(l)} p(\boldsymbol{x}) > 0\right) \\ &\quad \wedge \left(\bigwedge_{p \in P_{le}(l)} p(\boldsymbol{x}) \le 0\right) \wedge \left(\bigwedge_{p \in P_{ge}(l)} p(\boldsymbol{x}) \ge 0\right)\end{aligned}$$

  と表される．ただし，各 l に対して $P_{lt}(l), \ldots, P_{ge}(l)$ は同じ多項式を共通に持たず，かつ $P_{lt}(l) \cup \cdots \cup P_{ge}(l)$ は l によらず一定である．また，ロケーションに対応する領域には重なりがない．よって，ロケーションごとに多項式の符号の組合せが異なる．
- ジャンプは上に述べた分割の境界をまたがるときにしか起こらない．また，ジャンプにおいては連続量は変化しない．すなわち，$l \xrightarrow{J,a} l'$ のとき，$\boldsymbol{x}, \boldsymbol{x}' \models J \Longleftrightarrow \boldsymbol{x}' = \boldsymbol{x}$ かつ $\boldsymbol{x} \not\models I(l)$ かつ $\boldsymbol{x} \models I(l')$ である．
- 各ロケーション $l \in L$ には，連続ベクトル場 $f(l, \boldsymbol{x}) = A_l \boldsymbol{x} + b_l$ が割り当てられている．ここで，A_l は n 次対角実行列，b_l は n 次元実ベクトルである．ロケーション l における連続量の変化は，この f を用いて $\boldsymbol{x}, \dot{\boldsymbol{x}} \models F(l) \Longleftrightarrow \dot{\boldsymbol{x}} = f(l, \boldsymbol{x})$ と定める．

すなわち，ロケーションは，連続量 $\boldsymbol{x} \in \mathbb{R}^n$ がどの分割に属しているかによってのみ定まる．また，分割をまたがるときにジャンプが発生し，このとき連続量

に関する規則が変化する.「区分的」と呼ばれるのは，このような性質を満たすようにロケーションの不変条件が定められていることを表している．なお，遷移のラベルを定めるアクションは特にここでは区別しないため，アクションの集合 Act は単に一点集合 $\{\cdot\}$ として，以降では省略する．

実は，上に定義した区分的アフィン・ハイブリッド・オートマトンの挙動は，各パラメータの値を具体的に定め，時刻 0 での状態を一つ指定した場合，時刻 $t \geq 0$ での状態が一意に特定される．このようなシステムは決定的 (deterministic) であると呼ばれる．

次に，ここでモデル化する Delta-Notch シグナル伝達系について簡単に説明する．Delta と Notch はともに膜貫通タンパクであり，Delta は隣接する細胞の受容体 Notch と結合する．Notch の活性化は遺伝子発現に直接に即時に作用し，細胞の運命の選択を引き起こす．細胞内における Notch の活性化はその細胞および隣接する細胞における Delta の生成に影響を及ぼし，Notch の高い活性レベルはその細胞での Delta 生成を抑制する方向に働く．よって，Delta を大量に生成する細胞に隣接するような細胞では，Delta の生成が抑えられる．

Delta-Notch シグナル伝達系のモデル化において主要な部分を抽出すると以下のようになる．

- シグナル伝達は直接隣接している細胞のみから起こる．
- Notch 生成は隣接細胞の Delta 濃度が高いときに引き起こされる．
- Delta 生成は同じ細胞の Notch 濃度が低いときに引き起こされる．
- Delta, Notch とも指数的に分解する．

Delta-Notch の場合は，具体的には個々の細胞が次のような区分的アフィン・ハイブリッド・オートマトンでモデル化されている．ただし，以下の定式化は外部からの入力，具体的には隣接する細胞の Delta 濃度をとるように拡張してあるという点で，厳密には上に定義した区分的アフィン・ハイブリッド・オートマトンではない．しかし，複数の細胞に対応する複数のオートマトンを合成してできる閉じた系を考えると，それは外部からの入力をとらないため，上に定義した区分的アフィン・ハイブリッド・オートマトンで表すことができる．

- $L = \{l_1, l_2, l_3, l_4\}$

Delta と Notch の生成スイッチがそれぞれ，オフ・オフ，オン・オフ，オフ・オン，オン・オンになっている状況を表す．

- $X = \{x_1, x_2\}$
  x_1, x_2 はそれぞれ細胞内の Delta と Notch のタンパク濃度を表す．
- $\boldsymbol{x} \models \mathit{Init}(l) \Longleftrightarrow l \in L \wedge \boldsymbol{x} \in \mathbb{R}^n_+$
- $$\begin{cases} f(l_1, \boldsymbol{x}) &= (-\lambda_D x_1, -\lambda_N x_1) \\ f(l_2, \boldsymbol{x}) &= (R_D - \lambda_D x_1, -\lambda_N x_1) \\ f(l_3, \boldsymbol{x}) &= (-\lambda_D x_1, R_N - \lambda_N x_1) \\ f(l_4, \boldsymbol{x}) &= (R_D - \lambda_D x_1, R_N - \lambda_N x_1) \end{cases}$$
  λ_D と λ_N はそれぞれ Delta と Notch の分解係数であり，ロケーションに関係なく分解が起こるようにモデル化されている．R_D と R_N はそれぞれ Delta と Notch の生成速度であり，各タンパクの生成スイッチがオンになっているロケーションにおいて，対応するタンパクが一定の割合で生成されることを表している．
- $$\begin{cases} \boldsymbol{x} \models I(l_1) & \Longleftrightarrow \quad u_D < h_D \text{ かつ } u_N < h_N \\ \boldsymbol{x} \models I(l_2) & \Longleftrightarrow \quad u_D \geq h_D \text{ かつ } u_N < h_N \\ \boldsymbol{x} \models I(l_3) & \Longleftrightarrow \quad u_D < h_D \text{ かつ } u_N \geq h_N \\ \boldsymbol{x} \models I(l_4) & \Longleftrightarrow \quad u_D \geq h_D \text{ かつ } u_N \geq h_N \end{cases}$$
  ここで，$u_D = -x_2$ と定義されており，これは自細胞における Notch 濃度の符号を反転したものである．u_N は上に述べた外部からの入力で，隣接する細胞における Delta 濃度の総和であり，
  $$\sum_{H' \text{は } H \text{ に隣接するオートマトン}} (H' \text{ における } x_1)$$
  と，他のオートマトンの連続量を用いて表すことができる．h_D と h_N はそれぞれ Delta と Notch の生成を行うかどうかのスイッチとなる閾値である．

図 6.2 は細胞が二次元平面に三角格子状に敷き詰められているという配置を用いて，上のモデルにおいて定常状態に達するまでシミュレーションを行った結果の一部を示したものである．色のついている細胞は高い Delta 濃度，色の

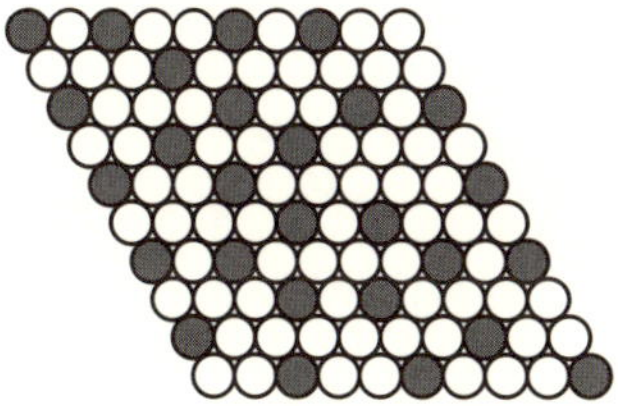

図 6.2 シミュレーションの結果（一部）

ついていない細胞は低い Delta 濃度を表している．各パラメータの値は，f に関する等式が正規化されているという仮定で $R_D = R_N = \lambda_D = \lambda_N = 1$ とし，スイッチングの閾値は $h_D = -0.5$, $h_N = 0.2$ としている．また，初期状態では実際の生物と同様にタンパク濃度がほぼ均一であると仮定し，平均 1，分散 0.05 の正規分布に従うとしている．定常状態では実際の生物に見られるような，いわゆる salt-and-pepper のパターン（まだら模様）が現れている．

Ghosh らは，このようにモデル化して得られた区分的アフィン・ハイブリッド・オートマトンに対し，記号的な解析を行っている [63]．すなわち，フローを定める A_l の対角成分，b_l の成分，および不変条件によって分割を与える多項式の係数といったパラメータを，具体的な数値ではなく記号として与え，その上で解析を行うのである．これは，実際の反応における閾値や反応率を実験的に厳密に定めることが難しいパラメータであっても，生物学的に意味のある，不整合を起こさない範囲が，他のパラメータとの間の関係として推定できるようなものがあるためである．

解析の目的は，平衡状態に到達しうるような初期状態に関する制約を，上に挙げた記号的なパラメータに関する制約として求めることである．ただし，決定可能性の問題から，一般にはすべての初期状態を網羅できるわけではなく，集合の包含関係の意味で下からの近似的評価となる（同じ著者による，別種の解析法を用いた，上からの近似的評価の研究もある）．すなわち，初期状態はパラメータに関する制約の形で記号的に求まるのであるが，その制約を満たすパラメータの値から開始すれば，必ず平衡状態に到達する．また，解析の途中で記号を含む微分方程式を扱うため，数値解析ソフトウェアや数式処理システムによる支援と，人手による誘導の両方が介在する．逆方向の到達可能性の起点となる平衡状態は，前もって別の手法で，平衡状態が満たすべき条件から解析して求めた関係式を用いて与える．

時間オートマトンのときと同様，解析手法の基本的な手法は，連続量を含む無限の状態空間を，有限の状態空間に抽象化するというものである．ここでは，連続量の空間 $\mathbb{R}^n$ を，有限個の多項式で分割することによって，有限個の抽象的な状態空間を得る．

このように抽象化されてできた抽象状態の集合を $Q = \{q_1, \ldots, q_m\}$ とすると，各々の q_i は $\mathbb{R}^n$ を多項式の集合で分割したものになるため，$q_i \subseteq \mathbb{R}^n$ である．$q, q' \in Q$（ただし $q \neq q'$）に対し，q から q' に遷移できる，すなわち $q \to q'$ であることを，適当な $\boldsymbol{x} \in q$ と適当な $\boldsymbol{x'} \in q'$ を用いて $(l, \boldsymbol{x})$ から $(l', \boldsymbol{x'})$ へジャンプにより遷移可能にできることであると定義する．ただし，l, l' はそれぞれ $\boldsymbol{x}, \boldsymbol{x'}$ を不変条件から定まる領域に含むようなロケーションである．

既に述べたように，区分的アフィン・ハイブリッド・オートマトンの動作は決定的であった．一方で，有限の状態空間に抽象化した場合は一般にこの性質は保存されず，非決定的 (nondeterministic) なシステムとなる．これは，$q \to q'$ かつ $q \to q''$ であっても必ずしも $q' = q''$ とならない，すなわち，遷移先が一意に定まらないためである．

状態遷移系が決定的かつ状態空間が有限であれば，ある状態に到達可能な状態を過不足なく網羅することは簡単なグラフアルゴリズムで実現可能である．もし $\mathbb{R}^n$ の分割を細かくしていくことで，決定的な状態遷移系，すなわち，遷移先が一意に定まるような状態遷移系が得られれば，平衡状態に到達可能な初期状態を網羅的に探索することが可能とある．

解析手法の基本的なアイデアは，ロケーション不変条件から定まる分割から始めて，$\mathbb{R}^n$ の分割を詳細化，すなわち，より細かくしていくというものである．遷移先が一意でないような状態がある場合，新たな境界を定める多項式を追加することにより，もとの状態を分割して遷移先が一意になるようにする（ただしこれは必ずしも可能なわけではない）．ある状態が分割されると，分割される前の状態を唯一の遷移先としていた状態が今度は複数の遷移先を持つようになる可能性があるため，この分割は繰り返し行わなければならない．ただし，この繰り返しは一般には停止しない．その場合は途中で打ち切らなければならないが，それでも平衡状態に到達する状態の下からの評価を与えることができる．

分割の詳細化の手続きは以下のようになる．

1. ロケーション不変条件から定まる各分割に対し，内部領域，すなわちすべて等号なしの不等式のみで表される分割と，境界，すなわち少なくとも一つ等式を含むような分割とに分ける．

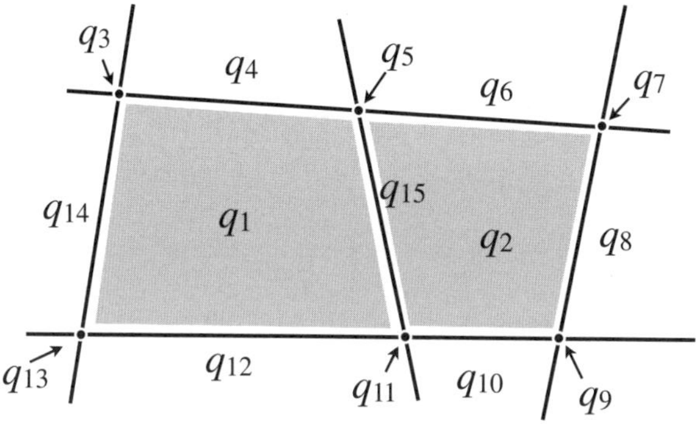

図 6.3　内部領域と境界への分割

   図 6.3 は二次元の例である．この図で，q_1, q_2 は内部領域，それ以外は境界を表している．

2. 上で求めた分割を状態とし，遷移関係を求める．Delta-Notch の例では対角行列 A_l の成分が同符号で，ロケーションの不変条件を定める多項式は一次式のみであったため，フローが境界の近くで各境界に向かうかそこから遠ざかるかは境界上では変化しない．よって，隣接する各境界に対し，その境界に向かう場合には遷移が存在するとする．

   図 6.4 において，q_1 から遷移可能な境界は q_4, q_5, q_{15} である．

3. 遷移可能な状態が複数ある場合は，交点に対応する状態に到達する軌道を求め，それを領域を定める多項式として加える．(ただし，交点を通る軌道の多項式がいつでも計算的に得られるとは限らない.)

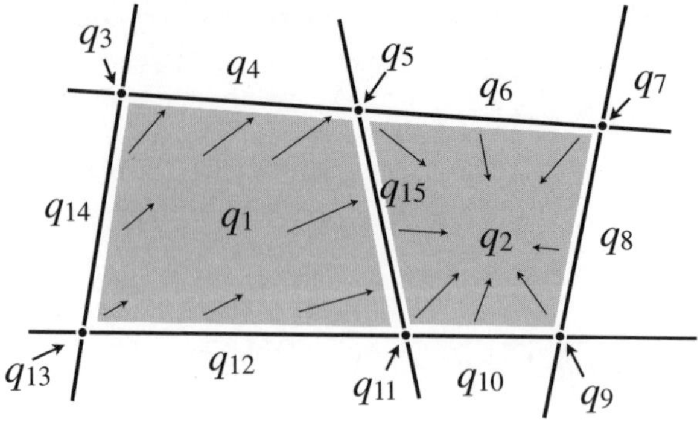

図 6.4　ベクトル場から遷移関係を求める

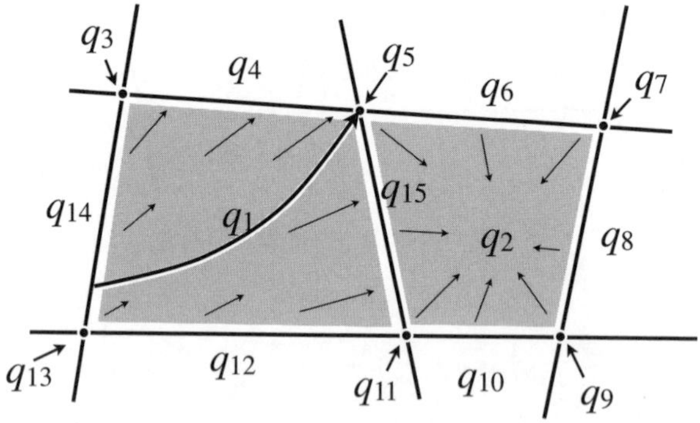

図 6.5　交点を通る軌道の多項式で分割

6.2　ハイブリッド・ペトリネット

ペトリネットを状態遷移系とみなしたとき，状態に対応するものはマーキングであった．§2.3 で述べたペトリネットは，状態にあたるマーキングが，各プレースに対して離散的な値をとるという意味で，離散的なシステムである．これに対し，マーキングがプレースにおいて離散的あるいは連続的な値をとることを許すような，ペトリネットのハイブリッド版がいくつか提案されている．ここではそのような例として，まずハイブリッド・ペトリネットについて述べる．

ハイブリッド・ペトリネットは $Q = (P, T, Pre, Post, M_0, h)$ で表される．P と T は通常のペトリネットと同様，それぞれプレースの有限集合とトランジションの有限集合である．プレースとトランジションには離散的なものと連続的なものがそれぞれにあり，関数 $h : P \cup T \to \{D, C\}$ によって区別される．すなわち，$p \in P$ について，$h(p) = D$ であれば p は離散プレースであり，$h(p) = C$ であれば p は連続プレースである．トランジションについても同様である．離散的・連続的なプレースとトランジションの集合を表す記号として，$P^D = \{p \in P \mid h(p) = D\}$, $P^C = \{p \in P \mid h(p) = C\}$, $T^D = \{t \in T \mid h(t) = D\}, T^C = \{t \in T \mid h(t) = C\}$ を導入しておく．

図 6.6 はハイブリッド・ペトリネットで使用されるプレースとトランジションの表記法を表している．

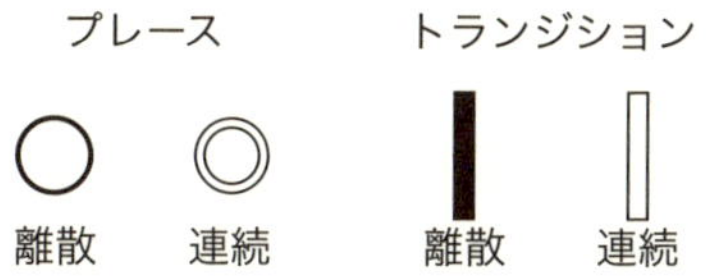

図 6.6　ハイブリッド・ペトリネットの構成要素

マーキングは，離散プレースにおいては自然数を，連続プレースにおいては非負実数を値としてとる．すなわち $M : P \to \mathbb{R}_{\geq 0} \cup \mathbb{N}$ がマーキングのとき，$p \in P^D$ については $M(p) \in \mathbb{N}$ が，$p \in P^C$ については $M(p) \in \mathbb{R}_{\geq 0}$ が成り立つ．$M_0 : P \to \mathbb{R}_{\geq 0} \cup \mathbb{N}$ は初期マーキングである．

プレースとトランジションの間の接続関係および重みは，$Pre : P \times T \to \mathbb{R}_{\geq 0} \cup \mathbb{N}$ と $Post : P \times T \to \mathbb{R}_{\geq 0} \cup \mathbb{N}$ によって与えられる．$Pre(p, t)$ は p から t へ向かう辺の重みを，$Post(p, t)$ は t から p へ向かう辺の重みを表す．いずれについても，辺がなければ値を 0 とする．入力プレース $\bullet t$ などは，対応する辺の重みが 0 でないものに関してのみ接続関係があるとして与える．

Pre や $Post$ の値が非負実数をとるか自然数をとるかは，接続しているプレースの種類によって定まる．すなわち，$p \in P^D$ であれば任意の $t \in T$ に

ついて $Pre(p,t) \in \mathbb{N}$ かつ $Post(p,t) \in \mathbb{N}$ であり，$p \in P^C$ であれば任意の $t \in T$ について $Pre(p,t) \in \mathbb{R}_{\geq 0}$ かつ $Post(p,t) \in \mathbb{R}_{\geq 0}$ である．なお，離散プレースと連続トランジションの間の重みは，$p \in P^D$ かつ $t \in T^C$ について $Pre(p,t) = Post(p,t)$ を満たさなければならない．これは，後で述べる発火規則において矛盾を引き起こさないようにするためである．

離散トランジションの発火規則は，マーキングや重みが非負実数値をとる可能性があること以外は，通常のペトリネットにおけるトランジション発火規則と同様である．

> $t \in T^D$ のすべての入力プレース $p \in \bullet t$ に対し，$M(p) \geq Pre(p,t)$ が成り立つ．

離散トランジション t が発火すると，t の各入力プレース p から重み $Pre(p,t)$ に対応した数（あるいは量）のトークンが取り除かれ，t の各出力プレース p に重み $Post(p,t)$ に対応した数（あるいは量）のトークンが追加される．

連続トランジションの場合は，離散トランジションと異なり，単に「発火した」という情報だけでなく,「どれだけの量で発火したか」という情報が重要となる．この量のことを**発火量**(firing quantity) という．連続トランジション t が発火量 $a \in \mathbb{R}_+$ で発火可能であることを，以下で定義する．

> $t \in T^C$ のすべての入力プレース $p \in \bullet t$ に対し，$M(p) \geq a \cdot Pre(p,t)$ が成り立つ．

連続トランジション t が発火量 a で発火すると，t の各入力プレース p から $a \cdot Pre(p,t)$ だけの量のトークンが取り除かれ，t の各出力プレース p に $a \cdot Post(p,t)$ だけの量のトークンが追加される．p が離散プレースのときは，トークンの「量」の増減が起こることが一見不自然に思えるかもしれない．しかし,「$p \in P^D$ かつ $t \in T^C$ の場合は $Pre(p,t) = Post(p,t)$」という制約により，連続トランジションが発火したとしても，同量のトークンの増減が起こることになる．したがって，結果として離散プレースにおけるトークンの「数」は発火前と同じ自然数の値をとり続ける．

連続トランジションに接続された離散プレースは，そのトランジションが発火できるかどうかを離散的に制御するスイッチの役割を果たしていると考えることができる．図 6.7 において，連続トランジション t_1 は発火量 1 を上限として発火可能であり，例えば発火量 0.8 で t_1 が発火した後でも離散プレース p_2 のトークン数は変化しない．よって，その直後において例えば発火量 0.6 で再度 t_1 が発火するといったことも可能である．このように，p_1 のトークンが空でなければ p_2 にトークンがある限り t_1 は継続して発火可能であり続ける．一方，ひとたび離散トランジション t_2 が発火すると，p_2 にあったトークンは p_3 へ見かけ上移り，t_1 はもはや発火できなくなる．

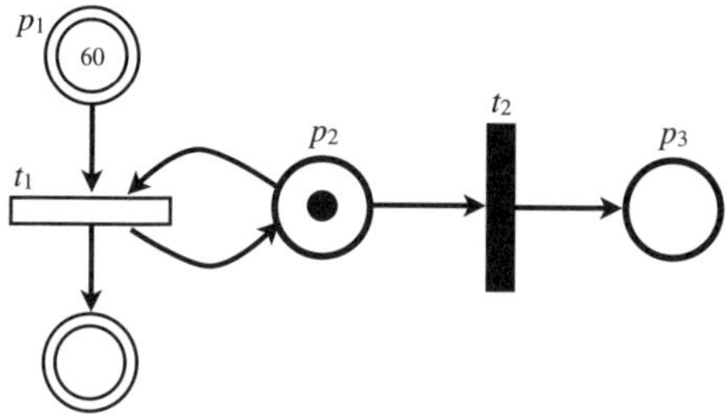

図 6.7 離散プレースによる連続トランジションへの影響

6.2.1 時間ハイブリッド・ペトリネット

ペトリネットに時間の概念を付加する方法にはいくつか種類があるが，大きく分けて，次の二つのものがある．

- 各プレースに遅延時間を設定し，プレースに追加されたトークンが，発火を引き起こすのに有効なものとなるまでに遅延時間分の時間経過を必要とするもの．
- 各トランジションに遅延時間を設定し，トランジションが発火可能になってから，実際に発火するまでに遅延時間分の時間経過を必要とするもの．

通常の離散的なペトリネットに対し，各トランジションについて確率的な遅延時間を設定する確率ペトリネットは§2.4.4 で述べたとおりである．本項ではハイブリッド・ペトリネットに対して，各トランジションに遅延時間を設定するものについて扱う．

時間ハイブリッド・ペトリネットでは各離散トランジション $t_i \in T^D$ に遅延時間 d_i が割り当てられている．d_i は既に述べたように，離散トランジション $t_i \in T^D$ が発火可能となってから，実際に発火するまでに待たされる（保留される）時間を表す．待っている間に発火可能条件が満たされなくなった場合は，発火がリセットされる．

一方，各連続トランジション $t_i \in T_C$ には最大速度 V_i が割り当てられている．これは，微小時間 dt において最大で発火量 $V_i \cdot dt$ の発火が起こることを表している．いま仮に，連続トランジション t_i にも遅延時間 d_i が割り当てられているとして，これが 1 発火量あたりの遅延時間を表すと考えると，微小時間 dt における発火量は最大で $\dfrac{dt}{d_i}$ となる．よって，$V_i = \dfrac{1}{d_i}$ と考えれば，連続トランジションにも実は離散トランジションと同様に遅延時間が割り当てられているのだと捉えることもできる．

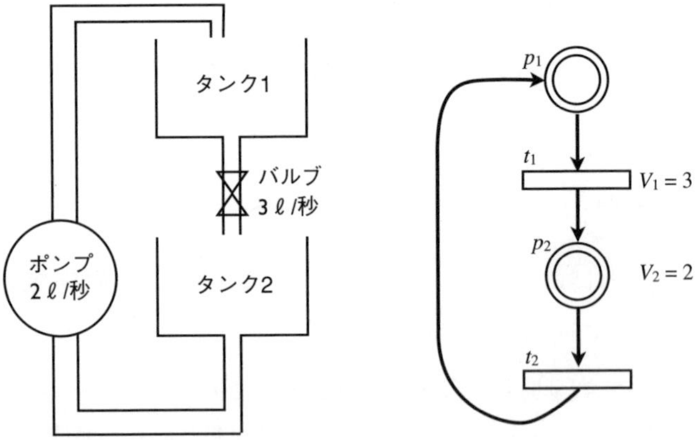

図 6.8　時間ハイブリッド・ペトリネットにおける連続トランジションの例

次に，どのような意味で「最大」速度なのかを，図 6.8[64] を例にとって説明する．図 6.8 は二つのタンクがバルブとポンプでつながった系を表す．右はそれを時間ハイブリッド・ペトリネットでモデル化したものであり，タンクが連続プレースで，バルブとポンプが連続トランジションで表されている．タンク

i の水量は，プレース p_i におけるトークンの量で表される．

いま，時刻0でタンク1とタンク2の水量がそれぞれ 60ℓ，120ℓ である状況を考えよう．すると，両方のタンクに水がある間については，タンク1の水量は毎秒 $(2-3)\ell$ 増加（すなわち 1ℓ 減少）し続け，タンク2の水量は毎秒 $(3-2)\ell$ 増加（すなわち 1ℓ 増加）し続ける．よって，時刻60までは各連続トランジション t_i における実際の速度 v_i は，最大速度 V_i に等しい．

一方で，時刻60からの状況を考えると，もはやタンク1には水がなくなるため，バルブが送ることのできる水の速度は，ポンプから供給される水の速度によって抑えられ，水は流れているものの，タンクの水量が変化しない平衡状態となる．この場合の各連続トランジションにおける実際の速度は，$v_1 = v_2 = 2$ となり，t_2 は最大速度 V_2 を達成できているものの，t_1 は達成できていない．

一般に，連続トランジションのすべての入力プレースにトークンが少しでも存在すれば最大速度で発火可能である．この状況を**強発火可能**(strongly enabled)と呼ぶ．一方，上記の時刻60からの連続トランジション t_1 のように，連続入力プレースにおけるトークン量が0であっても，その連続プレースにトークンを供給する連続トランジションがあれば，発火は可能である．この状況を**弱発火可能**(weakly enabled)という．この場合，トランジションは必ずしも最大速度を達成できるとは限らない．

6.2.2 時間ハイブリッド・ペトリネットにおける競合

複数の事象について，片方のみであれば生起できるが，両方は生起できないとき，それらの事象は**競合**(conflict)しているという．通常のペトリネットにおける競合は共通の入力プレースを持つ複数のトランジションという形で典型的に現れるが，時間ハイブリッド・ペトリネットにおいては，連続トランジションや発火速度がかかわる形でさらにさまざまな形の競合が現れる．ここではそのような競合の種類と，文献[64]において規定している，そのような競合が起きた場合の可能な振舞いについて述べる．

図6.9は図6.8におけるタンクがバルブとポンプでつながった系に対し，バルブとポンプの片方のみが動くようなスイッチを表す離散プレースを付加したものである．図のマーキングが時刻0における状態であるとすると，時刻90に

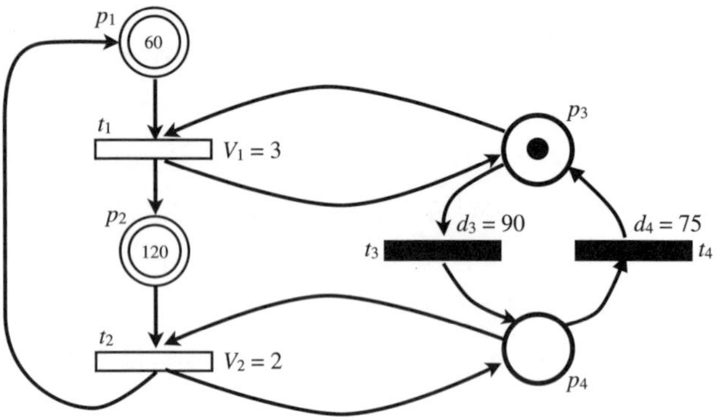

図 6.9　離散トランジションと連続トランジションの競合

おいては p_1 のトークン量は既に 0 であり，かつ t_2 は発火可能でないため，t_1 は強発火可能でも弱発火可能でもない．一方で離散トランジション t_3 は遅延時間 d_3 を経過したために発火でき，p_3, p_4 におけるトークン数がそれぞれ 0, 1 となる．この後，時刻 $90+75=165$ での状況を考えると，p_2 におけるトークン量は $120+60-2\cdot 75=30$ であり，p_4 にもトークンがあるので t_2 は強発火可能である．一方で，t_4 も遅延時間 d_4 を経過したために発火できる．よって，時刻 165 では離散トランジション t_4 と連続トランジション t_2 が競合している．文献 [64] では，このような場合は系の劇的な変化を意図しているという意味で，離散トランジションを優先すると規定しており，このことによってモデル化が困難になった例には遭遇したことがないと述べている．

図 6.10 は共通の入力連続プレース p_1 を介して，連続トランジション t_2 と t_3 がともに弱発火可能な状況で競合している例である．いま，p_1 にはトークンが存在せず，さらに p_1 にトークンを供給しているトランジション t_1 の実際の発火速度 $v_1=2$ は，t_2 と t_3 の最大速度の和 $V_2+V_3=5$ よりも小さい．もし仮に $v_1 \geq V_2+V_3$ であれば，t_2 と t_3 はともに最大速度で発火可能となり，選択の余地がないが，$v_1 < V_2+V_3$ の場合にはそのような発火速度をとるのは不可能である．このような場合は t_2 と t_3 の実際の発火速度 v_2, v_3 は，共通の入力プレース p_1 におけるトークン量の収支 $1\cdot v_1 - 1\cdot v_2 + 1\cdot v_3$ が 0 となるようなものであれば，どのような速度をとってもかまわない，と規定されている．

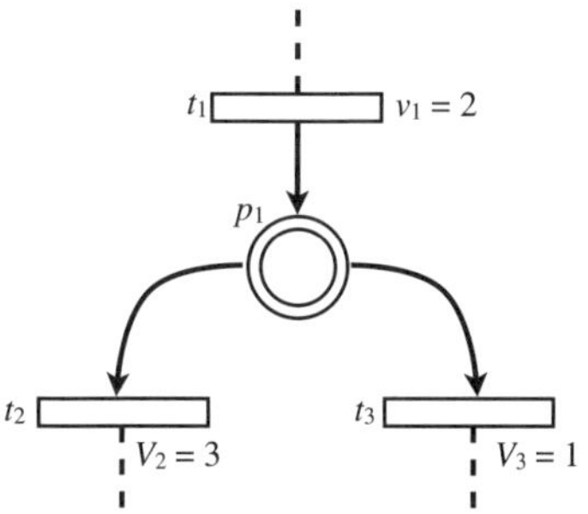

図 6.10 連続プレースを介した連続トランジション間の競合

よって，この場合は $v_2 = 2, v_3 = 0$ でも，$v_2 = 1.5, v_3 = 0.5$ でも，$v_2 = 1$, $v_3 = 1$ でもかまわない.

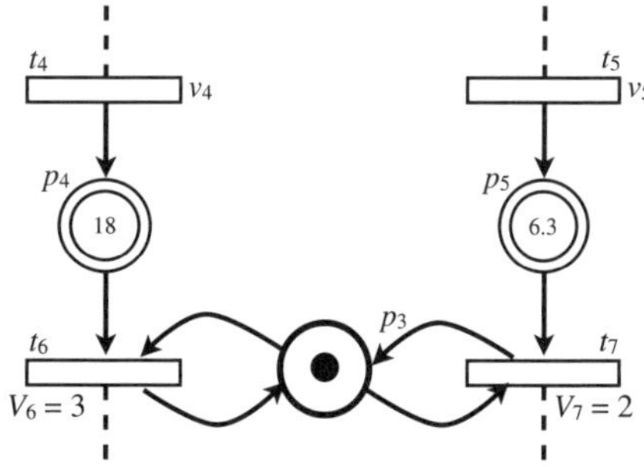

図 6.11 離散プレースを介した連続トランジション間の競合

図 6.10 は共通の入力連続プレース p_3 を介して，連続トランジション t_6 と t_7 がともに強発火可能な状況で競合している例である．このとき，片方だけ最大速度で発火するという状況だけでなく，最大速度で発火している時間を t_6 と t_7 の間で配分するという状況も考えられる．いずれにしても実際の発火速度 v_6 と v_7 は $\frac{v_6}{V_6} + \frac{v_7}{V_7} = 1$ を満たすが，この制約を満たす限りはどのように速度をとってもかまわない，と規定されている．なお，もし p_4 と p_5 のトークン量が 0 で，かつ $\frac{v_4}{V_6} + \frac{v_5}{V_7} \leq 1$ のときは，v_6 と v_7 はそれぞれ v_4 と v_5 で抑えられてしまう

ため，このような競合は起こらない．

6.2.3 ハイブリッド関数ペトリネット

ペトリネットのハイブリッド拡張として，最後にハイブリッド関数ペトリネットを紹介する．ハイブリッド関数ペトリネットは生物系のシミュレーションを行うツール GON[65]（Genomic Object Net，現在は Cell Illustrator と呼ばれている）においてモデル化を行うための体系として提案されたものである [66]．

ハイブリッド・ペトリネットと同様，ハイブリッド関数ペトリネットにおいてもプレースおよびトランジションに離散的なものと連続的なものが存在するが，連続トランジションは連続プレースとしか接続できない（ただし後で述べるテスト入力アークを除く）．よって，ハイブリッド・ペトリネットのときに存在した，離散プレースと連続トランジションの間の条件は必要ない．

各トランジションには発火の際に用いられるいくつかの述語や関数が割り当てられている．以下，トランジション t の入力プレースの集合 $\bullet t$ を $\{p_1, \ldots, p_k\}$ とし，出力プレースの集合 $t\bullet$ を $\{q_1, \ldots, q_l\}$ とする．時刻 τ における p_i および q_j におけるトークンの数あるいは量をそれぞれ $m_i(\tau)$ および $n_j(\tau)$ $(1 \leq i \leq k, 1 \leq j \leq l)$ で表すことにする．

- t が連続トランジションのとき：
  - c^t：発火条件を表す述語．$c^t(m_1(\tau), \ldots, m_k(\tau))$ が真の間，トランジション t は継続的に発火する．
  - f_i^t：発火による入力プレースからのトークンの消費速度を表す関数．関数値は正の実数．時刻 τ で発火しているとき，入力プレース p_i からは，$f_i^t(m_1(\tau), \ldots, m_k(\tau))$ の速度でトークンが減少する．
  - g_j^t：発火による出力プレースへのトークンの生成速度を表す関数．関数値は正の実数．時刻 τ で発火しているとき，出力プレース q_j へは，$g_j^t(m_1(\tau), \ldots, m_k(\tau))$ の速度でトークンが増加する．
- t が離散トランジションのとき：
  - c^t：発火条件を表す述語．$c^t(m_1(\tau), \ldots, m_k(\tau))$ が真であれば，トランジション t は発火可能となる．

・d^t：発火の遅延時間を表す関数．関数値は非負整数．時刻 τ でトランジション t が発火可能となってから実際に発火するまでに，$d^t(m_1(\tau),\ldots,m_k(\tau))$ 時間待たなければならない．ただし，待っている間に発火条件が偽になった場合は発火がリセットされる．

・f_i^t：発火によって入力プレースから取り除かれるトークンの個数を表す関数．関数値は非負整数．時刻 τ で発火すると，入力プレース p_i からは，$f_i^t(m_1(\tau),\ldots,m_k(\tau))$ 個のトークンが取り除かれる．

・g_j^t：発火によって出力プレースへ追加されるトークンの個数を表す関数．関数値は非負整数．時刻 τ で発火すると，出力プレース q_j へは，$g_j^t(m_1(\tau),\ldots,m_k(\tau))$ 個のトークンが追加される．

通常の辺の他に，破線で表されるテスト入力アークと呼ばれる特殊な辺があり，これは連続/離散プレースのどちらからでも，連続/離散トランジションのどちらへも伸ばすことができる．また，トランジションが発火する際，テスト入力アークで接続された入力プレースからはトークンが取り除かれない．

テスト入力アークは，ハイブリッド・ペトリネットのときに存在した離散プレースと連続トランジションの間の接続を別の形で実現するものと考えることができる．連続トランジションに対する入力離散プレース（条件により同時に出力プレースでもある）も，やはり発火後にトークン数は変化せず，辺の重み以上の数のトークンが存在するかどうかで発火可能性を制御するという役割を果たしていた．

上記のハイブリッド関数ペトリネットの定義はかなり一般的な形をしているが，実際に前述のツール Cell Illustrator を用いてモデル化する場合には，以下のように簡略化した指定のしかたをする．

- プレース p からトランジション t への辺には，トランジション t が発火するためにプレース p に最低限必要なトークン数あるいは量に対応する閾値を結びつける．特に指定しない場合は閾値は 0 とする．これは発火条件を表す述語 c^t を簡略化したものである．
- 連続トランジション t には発火速度を表す式を結びつける．t の入力プレースの全体の集合 $\bullet t$ が $\{p_1,\ldots,p_k\}$ であるとき，各入力プレースのトーク

ン量 $m_1, \ldots, m_k$ を式の中に用いてよい．特に指定しない場合は発火速度は 1 とする．これはトークンの消費速度 f_i^t および生成速度 g_j^t を簡略化したものである．

- 離散トランジション t には発火の遅延時間およびトークンの増減数を表す式を結びつける．連続トランジションのときと同様，式の中に各入力プレースのトークン数を表す文字を使ってよい．特に指定しない場合は遅延時間 0，増減数 1 とする．これらは d^t, f_i^t, および g_j^t を簡略化したものである．

図 6.12 に挙げた例は，Fas リガンドが誘導するアポトーシスの，ハイブリッド関数ペトリネットによるモデル化の一部である [66]．例示した部分はカスパーゼ反応における自己触媒的プロセスに対応する．トランジション t_A へ向かうテスト入力アークが t_A の発火を促すが，それはいずれ m_8 の増加へとつながり，再度 t_A の発火を促す．図中には連続プレースと連続トランジションしか現れていないが，既に述べたとおり，テスト入力アークは離散的側面を含んでおり，この例でもスイッチとして機能している．

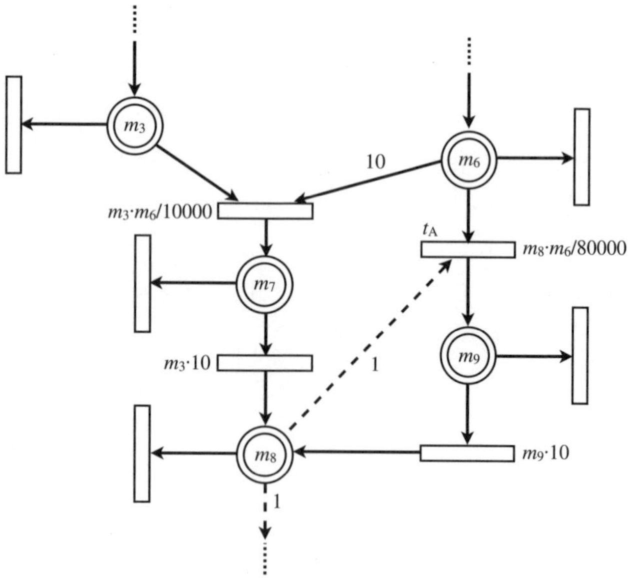

図 6.12　ハイブリッド関数ペトリネットによるモデル化の例（一部）

参考文献

[1] M. A. Savageau: *Biochemical Systems analysis: a study of function and design in molecular biology*, Addison-Wesley, Reading, 1976.

[2] 吉川研一，非線形科学–分子集合体のリズムとかたち–（学会出版センター，1992）.

[3] 三池秀敏，森義仁，山口智彦，非平衡系の科学 III 反応拡散系のダイナミクス（講談社サイエンティフィック，1997）.

[4] R. J. Field, E. Koros and R. M. Noyes, Oscillation in chemical systems II, Through analysis of temporal oscillation in the bromate-cerium-malonic acid system, J. Am. Chem. Soc. 94, 8649-8664, 1972.

[5] G. Nicolis and I. Prigogine, Exploring Complexity, An Introduction, San Francisco: Freeman and Company, 1989.

[6] P. Lincoln and A. Tiwari: Symbolic Systems Biology: Hybrid Modeling and Analysis of Biological Networks. HSCC 2004, *Lecture Notes in Computer Science*, Vol.2993, pp.660–672, 2004.

[7] T. S. Gardner, C. R. Cantor and J. J. Collins: Construction of a genetic toggle switch in *Escherichia coli*. *Nature*, 403, pp.339–342, 2000.

[8] H. Koabayashi, M. Kærn, M. Araki, K. Chung, T. S. Gardner, C. R. Cantor, and J. J. Collins: Programmable cells: interfacing natural and engineered gene networks. *Proceedings of the National Academy of Sciences*, Vol.101, No.22, pp.8414–8419, 2004.

[9] M. B. Elowitz and S. Leibler: A synthetic oscillatory network of transcriptional regulators. *Nature*, 403, pp.335–338, 2000.

[10] E. Fung, W. W. Wong, J. K. Suen, T. Bulter, S. Lee, and J. C. Liao: A synthetic gene – metabolic oscillator. *Nature*, Vol.43, pp.118–122, 2005.

[11] S. Basu, Y. Gerchman, C. H. Collins, F. H. Arnold, R.Weiss, A synthetic multicellular system for programmed pattern formation, *Nature*, 434, pp.1130-1134, 2005.

[12] J. D. Murray: *Mathematical Biology: I. An Introduction*, Springer, 2002.

[13] A. Okubo and S. A. Levin: *Diffusion and Ecological Problems: Modern Perspectives, Second Edition*, Springer, 2000.

[14] J. A. Bergstra, A. Ponse, and S. A. Smolka, Editors: *Handbook of Process Algebra*, Elsevier, 2001.

[15] E. M. Clarke, Jr., O. Grumberg, and D. A. Peled: *Model Checking*, The MIT Press, 1999.

[16] J.-P. Banâtre, P. Fradet, and D. Le Métayer: Gamma and the Chemical Reaction Models: Fifteen Years After, *Multiset Processing,* Lecture Notes in Computer Science, Vol.2235, pp.17–44, 2001.

[17] P. Dittrich, J. Ziegler and W. Banzhaf: Artificial Chemistries — A Review, *Artificial Life 7*, pp.225–275, 2001.

[18] J. Meseguer: Rewriting logic and Maude: Concepts and applications, *Rewriting Techniques and Applications*, Lecture Notes in Computer Science, Vol.1833, pp.1–26, 2000.

[19] Y. Suzuki, S. Tsumoto, and H. Tanaka: Analysis of Cycles in Symbolic Chemical System based on Abstract Rewriting System on Multisets. Proceedings of International Conference on Artificial Life V, pp.482–489. MIT press, 1996.

[20] Y. Suzuki, Y. Fujiwara, J. Takabayashi and H. Tanaka: Artificial Life Applications of a Class of P Systems: Abstract Rewriting System on Multisets, Multiset Processing, Lecture Notes in Computer Science, Vol.2235, pp.299-346, Springer, Berlin, 2001.

[21] 村田忠夫：ペトリネットの解析と応用，アルゴリズム・シリーズ 5，近代科学社，1992.

[22] T. Tian and K. Burrage: Stochastic models for regulatory networks. *Proceedings of the National Academy of Sciences*, Vol.103, No.22, pp.8372–8377, 2006.

[23] D. T. Gillespie: Exact Stochastic Simulation of Coupled Chemical Reactions, *Journal of Physical Chemistry*, Vol.81, No.25, pp.2340–2361, 1977.

[24] D. T. Gillespie: The chemical Langevin equation. *Journal of Chemical Physics*, Vol.113, No.1, pp.297–306, 2000.

[25] D. T. Gillespie: Approximate accelerated stochastic simulation of chemically reacting systems. *Journal of Chemical Physics*, Vol.115, No.4, pp.1716–1733, 2001.

[26] 北原和夫：非平衡系の統計力学，岩波書店，1997.

[27] G. Berry and G. Boudol: The chemical abstract machine. *Proceedings of the 17th ACM SIGPLAN-SIGACT symposium on Principles of programming languages*, pp.81–94, 1989.

[28] A. Regev, W. Silverman and E. Shapiro: Representation and simulation of biochemical processes using the π-calculus process algebra. *Pacific Symposium on Biocomputing*, Vol.6, pp.459–470, 2001.

[29] C. Priami, A. Regev, E. Shapiro, and W. Silverman: Application of a stochastic name-passing calculus to representation and simulation of molecular processes. *Information Processing Letters*, Vol.80, pp.25–31, 2001.

[30] A. Phillips and L. Cardelli: Efficient, Correct Simulation of Biological Processes in the Stochastic Pi-calculus. CMSB 2007, *Lecture Notes in Computer Science*, Vol.4695, pp.184–199, 2007.

[31] L. Cardelli: On process rate semantics. *Theoretical Computer Science*, Vol.391, pp.190–215, 2008.

[32] E. R. Gansner, S. C. North: An open graph visualization system and its applications to software engineering. *Software — Practice and Experience*, Vol.30, pp.1203–1233, 1999.

[33] A. Regev, E. M. Panina, W. Silverman, L. Cardelli, and E. Shapiro: BioAmbients: An abstraction for biological compartments. *Theoretical Computer Science*, Vol.325, pp.141–167, 2004.

[34] L. Cardelli: Brane Calculi. Interactions of Biological Membranes. CMSB'04, *Lecture Notes in Computer Science*, Vol.3082, pp.257–280, 2005.

[35] G. Păun: *Membrane Computing: An Introduction*, Springer, 2002.

[36] P. L. Luisi, Self-reproduction of chemical structures and the question of the transition to life. In: C.B. Cosmovici, S. Bowyer and D. Werthimer (eds.), Astronomical and Biochemical Origins and the Search for Life in the Universe, Editrice Compositori, Bologna, pp.461–468, 1997.

[37] Y. Suzuki, H. Tanaka: Chemical Evolution among Artificial Proto-Cells. In Artificial Life, vol. 7, pp.54–63, 2000.

[38] Y. Suzuki, H. Tanaka: Modeling p53 Signaling Pathways by Using Multiset Processing, Applications of Membrane Computing, Springer Verlag, Heidelberg, pp.203–217, 2006.

[39] S. Wolfram: *A New Kind of Science*, Wolfram Media, Inc., 2002.

[40] A. Adamatzky, B. D. L. Costello, and T. Asai: *Reaction-Diffusion Computers*, 2005, Elsevier.

[41] K. Nishinari and D. Takahashi: Analytical properties of ultradiscrete Burgers equation and rule-184 cellular automaton. *Journal of Physics A: Mathematical and General*, Vol.31, pp.5439–5450, 1998.

[42] A. Dumitrescu, I. Suzuki, and M. Yamashita: Motion Planning for Metamorphic Systems: Feasibility, Decidability and Distributed Reconfiguration, *IEEE Trans. Robotics and Automation*, Vol.20, No.3, pp.409–418, 2004.

[43] E. Winfree: Algorithmic Self-Assembly of DNA, Ph.D. thesis, California Institute of technology, Pasadena, 1998.

[44] E. Klavins, R. Ghrist, and D. Lipsky: A Grammatical Approach to Self-Organizing Robotic Systems. *IEEE Transactions on Automatic Control*, Vol.51, No.6, pp.949–962, 2006.

[45] G. Rozenberg, ed.: *Handbook of Graph Grammars and Computing by Graph Transformation*, Vol.1–3, World Scientific, 1997.

[46] M. Arita: In Silico Atomic Tracing by Substrate-Product Relationships in Escherichia coli Intermediary Metabolism, *Genome Research*, 13, pp.2455–2466, 2003.

[47] F. Rosselló and G. Valiente: Chemical Graphs, Chemical Reaction Graphs, and Chemical Graph Transformation, *Electronic Notes in Theoretical Computer Science*, 127, pp.157–166, 2005.

[48] P. Yin, H. M. T. Choi, C. R. Calvert and N. A. Pierce: Programming biomolecular self-assembly pathways, *Nature*, 451, pp.318–322, 2008.

[49] R. Milner: Bigraphs as a Model for Mobile Interaction. Graph Transformation, First International Conference, ICGT 2002 Vol.2505, *Lecture Notes in Computer Science*, pp.8–13, 2002.

[50] S. A. Kauffman: The Origins or Order: Self-Organization and Selection in Evolution, Oxford University Press, 1994.

[51] O. Steinbock, Á. Tóth, K. Showalter: Navigating Complex Labyrinths: Optimal Paths from Chemical Waves, *Science*, Vol.267, pp.868–871, 1995.

[52] T. Nakagaki, H. Yamada, Á. Tóth: Intelligence: Maze-solving by an amoeboid organism, *Nature*, Volume 407, Issue 6803, pp.470, 2000.

[53] T. Sakurai, E. Mihaliuk, F. Chirila, and K. Showalter: Design and Control of Wave Propagation Patterns in Excitable Media, *Science*, Vol.296, pp.2009–2012, 2002.

[54] M. Umeki and Y. Suzuki: A Simple Membrane Computing Method for Simulating Bio-Chemical Reactions. *Computing and Informatics*, Vol.27, No.3+, pp.529–550, 2008.

[55] G. McNamara and G. Zanetti: *Physical Review Letters*, Vol.61, pp.2332–2335, 1988.

[56] H. Abelson, D. Allen, D. Coore, C. Hanson, G. Homsy, T. F. Knight Jr., R. Nagpal, E. Rauch, G. Jay Sussman, R. Weiss: Amorphous Computing, *Communications of the ACM*, Vol.43, No.5, pp.74–82, 2001.

[57] G. Marnellos, G. A. Deblandre, E. Mjolsness, and C. Kintner: Delta-Notch Lateral Inhibitory Patterning in the Emergence of Ciliated Cells in Xenopus: Experimental Observations and a Gene Network Model. *Pacific Symopoum on Biocomputing 2000*, pp.329–340, 2000.

[58] I. Suzuki and M. Yamashita: A Theory of Distributed Anonymous Mobile Robots – Formation and Agreement Problems, *SIAM Journal on Computing*, Volule 28, Issue 4, pp.1347–1363, 1999.

[59] W. Gerstner and W. Kistler: *Spiking Neuron Models*, Cambridge University Press, 2002.

[60] M. Hagiya: Discrete State Transition Systems on Continuous Space-Time: A Theoretical Model for Amorphous Computing, UC 2005, Unconventional Computation, *Lecture Notes in Computer Science*, Vol.3699, pp.117–129, 2005.

[61] Y. Takahashi, N. Kataoka, K. Kaneko and T. Namiki: Function Dynamics, *Japan Journal of Industrial and Applied Mathematics (JJIAM)*, Vol.18, No.2, pp.405–424, 2001.

[62] W. Penczek and A. Półrola: *Advances in Verification of Time Petri Nets and Timed Automata: A Temporal Logic Approach*, Studies in Computational Intelligence 20, Springer, 2006.

[63] R. Ghosh and C. J. Tomlin: Lateral Inhibition Through Delta-Notch Signaling: A Piecewise Affine Hybrid Model. Hybrid Systems: Computation and Control, HSCC 2001, *Lecture Notes in Computer Science*, Vol.2034, pp.232–246, 2001.

[64] R. David and H. Alla: *On Hybrid Petri Nets*, Discrete Event Dynamic Systems: Theory and Applications, 11, 9–40, 2001.

[65] http://www.GenomicObject.Net/

[66] H. Matsuno, Y. Tanaka, H. Aoshima, A. Doi, M. Matsui and S. Miyano: *Biopathways Representation and Simulation on Hybrid Functional Petri Net*, Silico Biology 3, 0032, 2003.

索　　引

数字・英字

あ行

か行

さ行

た行

な行

は行

ま行

や行

ら行

【著者紹介】

萩谷昌己（はぎや・まさみ）
1957年　生まれ
1982年　東京大学大学院理学系研究科情報科学専攻修士課程修了
現　在　東京大学大学院情報理工学系研究科教授，理学博士
専　門　コンピュータ科学，情報科学
著　書　『論理と計算のしくみ』，岩波書店（2007）

山本光晴（やまもと・みつはる）
1972年　生まれ
1996年　東京大学大学院理学系研究科情報科学専攻修士課程修了
現　在　千葉大学大学院理学研究科准教授
専　門　情報数理学

アルゴリズム・サイエンス シリーズ⑯
適用事例編
化学系・生物系の計算モデル
Computational Models for Chemical and Biological Systems

2009年9月15日　初版1刷発行

著者　萩谷昌己・山本光晴　ⓒ2009　（検印廃止）
発行　**共立出版株式会社**　南條光章
〒112-8700　東京都文京区小日向4-6-19
Tel. 03-3947-2511　Fax. 03-3947-2539　振替口座 00110-2-57035
http://www.kyoritsu-pub.co.jp

印刷：加藤文明社　製本：ブロケード
Printed in Japan　ISBN 978-4-320-12182-9　（社）自然科学書協会会員
NDC 007.64（アルゴリズム），430（化学），460（生物科学）

JCOPY ＜㈳出版者著作権管理機構委託出版物＞
本書の無断複写は著作権法上での例外を除き禁じられています．複写される場合は，そのつど事前に，㈳出版者著作権管理機構（電話 03-3513-6969，FAX 03-3513-6979，e-mail: info@jcopy.or.jp）の許諾を得てください．